波斯和中国

——帖木儿及其后

俞雨森　著

商务印书馆
The Commercial Press
创于1897

2017年·北京

图书在版编目(CIP)数据

波斯和中国：帖木儿及其后 / 俞雨森著. —北京：
商务印书馆，2015（2017.4重印）
（丝瓷之路博览）
ISBN 978 - 7 - 100 - 08354 - 6

Ⅰ．①波… Ⅱ．①俞… Ⅲ．①玉器－文化交流－中国
－清代 Ⅳ．①TS932.1-092

中国版本图书馆CIP数据核字(2014)第041796号

波斯和中国
——帖木儿及其后

俞雨森 著

商 务 印 书 馆 出 版
（北京王府井大街36号　邮政编码 100710）
商 务 印 书 馆 发 行
三河市潮河印业有限公司印刷
ISBN　978 － 7 － 100 － 08354 － 6

2015 年 5 月第 1 版　　　　开本 880×1230　1/32
2017 年 4 月北京第 2 次印刷　印张 5 1/2

定价：40.00 元

主　　办：中国社会科学院历史研究所中外关系史研究室

顾　　问：陈高华

特邀主编：钱　江

主　　编：余太山　李锦绣

主编助理：李艳玲

编者的话

　　《丝瓷之路博览》是一套普及丛书，试图以引人入胜的方式向广大读者介绍稳定可靠的古代中外关系史知识。

　　由于涉及形形色色的文化背景，故古代中外关系史可说是一个非常艰深的研究领域，成果不易为一般读者掌握和利用。但这又是一个饶有趣味的领域。从浩瀚的大海直至无垠的沙漠，一代又一代上演着一出又一出的活剧。既有友好交往，又有诡诈博弈，时而风光旖旎，时而腥风血雨。数不清的人、事、物兴衰嬗递，前赴后继，可歌可泣，发人深省。毫无疑问，这些故事可以极大地丰富人们的精神生活。

　　本丛书是秉承《丝瓷之路》学刊理念而作。学刊将古代中外关系史领域划分为三大块：内陆欧亚史、地中海和中国关系史、环太平洋史。欧亚大陆东端是太平洋，西端是地中海。地中海和中国之间既可以通过海上丝绸之路，也可以通过草原之路往来。出于叙事的方便，本丛书没有分成相应的三个系列，但种种传奇仍以此为主线铺陈故事，追古述今。我们殷切希望广大读者和作者一起努力，让古代中外关系史的知识走进千家万户！

　　　　　　　　　　　　　　　　　　　　　　　　2012 年秋

引 子

回历 908 年，即公元 1502 年，帖木儿的后人、日后印度莫卧儿王朝的开国君主巴布尔当时正在中亚流浪，王朝刚刚被乌兹别克人覆灭，往昔身为王子的荣光不再，前途唯有一片茫茫。

他在回忆录中写道："与其在人们的眼皮下忍受贫困与屈辱，还不如走，能走多远就多远。"走到哪儿去呢？他说："我打算去中国，决定立即就走。我从孩提时代起就希望去中国……现在，我已不是国君……我不再有旅行的障碍……（而）一旦到了蒙兀儿斯坦和吐鲁番，就不会再有什么障碍和忧虑了，我就能自己掌握我的缰绳。"字里行间，充满了他对这个既遥远又熟悉的国度的热忱。

在中世纪的波斯乃至整个伊斯兰世界，中国是一块很特殊的地域。它几乎是各种复杂情感的聚焦点——好奇、艳羡、渴慕，来自中国的一切事物都值得令人向往，中国是一个谜。甚至，中国这个词本身就已经足以成为诗歌中一则隐喻。这本小书写的内容，就是发生在丝绸之路上的五段涉及波斯和中国交往的轶事。

之所以称它们为"轶事"，有两个原因。

其一，这些故事发生的时代并不为大多数中国读者所熟悉。它们的历史背景大致始于 13 世纪的蒙古征服期，经过 15 世纪的帖木儿王朝，一直到 16 世纪萨法维伊朗、莫卧儿印度、昔班尼王朝的中亚乃至奥斯曼土耳其的兴起。这里需要说明的是，本书使用"波斯"一词是基于其文化意义上的考虑，用来统指上述或多或少被波斯文化影响的时代和地域。

书中绝大部分故事都发生在帖木儿王朝时期。在波斯文化史上，帖木儿王朝是一个承前启后的时代。王朝的创立者帖木儿是欧亚大陆历史上继成吉思汗而起的另一位征服者。他崛起于中亚原察合台汗国故地，挟成吉思汗的后人为傀儡以令诸侯。在其鼎盛时期，他征服的铁蹄从叙利亚一直延伸至印度德里。帖木儿的后人们无力维持帝国的广大疆域，但是，他们在文化上却开创了一个盛世。这个王朝的统治者们位列历史上最慷慨的赞助者之列，他们的宫廷成为文人和艺术家们的聚集地。

16世纪初，乌兹别克人的昔班尼王朝终结了帖木儿后人们在中亚的统治，而伊朗的萨法维王朝则崛起于他们曾经的西部疆域。帖木儿的后人远奔至印度，继续以帖木儿之名统治印度达数百年之久。这些帖木儿之后的王朝在文化上直接继承了帖木儿的遗产，因此，本书的副标题为帖木儿及其后。

其二，帖木儿王朝以及其后的时代，通常被认为是中国和波斯之间交流互动的衰退期，长久以来乏国人问津。但是，这段时期却在中亚、伊朗以及印度历史上至关重要，直接形塑了这些地域今天的政治、文化和宗教。在如此关键的历史时段，中国究竟在这些地域的文化史中扮演了一个怎样的角色？书中的轶事，或许有助于我们重新思考对这段历史的认知。即使存在阻隔，文明的交流在缝隙间也能发生。

从中国到波斯，不能不说是一段远路。丝路悠悠，没有数月半载，很难从此地抵达彼地，注定是一段异常艰苦的旅程。可这一切并没有阻止两国人民彼此之间的脚步。伴随着驼铃声声，两地的人马纷纷穿越漫长的丝绸之路，来到千里外的另一个国度。这些辛苦跋涉的人当中有商人、使臣、艺术家、胸怀信仰的修行者以及大开眼界的旅行家。他们的勇气、毅力和智慧给无数的人带来了灵感和感动，本书作者就是其中一个。

写这本小书是受业师林英老师的鼓励。林老师在过去的五年中一直对我的学业关怀备至，鼓舞我勇敢地去追寻自己学术和人生的方向。余太山先生是书中五篇小文的第一读者，本书能够完成，离不开余先生的支持和包容。谨在此表示我最诚恳的谢意。

2015 年 1 月 3 日于德国海德堡

目录 CONTENTS

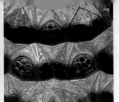

第三章
瓷 厅

第四章
黑 笔

第五章
观音在波斯

第一章

远嫁的中国公主

　　《图兰朵》是意大利著名作曲家普契尼一生中最后一部作品，讲述了一个西方人想象中的中国传奇故事。故事中的女主角图兰朵是中国元代的一位美丽而冷酷的公主，自歌剧首演之日起，她就凭借浓郁的中国风情令观众如痴如狂。不过，普契尼只是这段故事的转译者。在此之前，她的身影早已不只一次地出现在波斯和中亚的诗歌、艺术甚至历史之中，若隐若现，似真似幻，成为中世纪波斯人对中国的想象载体，直到萨法维晚期仍在民间流传，最终被欧洲的东方学家记录于笔下。图兰朵究竟是何来历？她是如何从中国旅行至波斯乃至欧洲的？她离奇的东方传说又如何与真实的历史相互交错？要想回答这些问题，我们得如同故事中图兰朵的恋人卡拉夫，需要穿越历史的重重迷雾，才能触摸些许真相。

一

图兰朵与中国风

1998 年 9 月 5 日晚，著名歌剧《图兰朵》在北京紫禁城上演。此次演出由中国著名导演张艺谋执导，印度籍犹太裔指挥祖宾·梅塔担任指挥，邀请世界优秀歌剧艺术家与意大利佛罗伦萨节日歌剧院管弦乐队及合唱队联袂演绎。这场演出在紫禁城恢宏无比的背景下获得了巨大的成功，许多观众至今仍对此记忆犹新。

《图兰朵》的剧情初看颇为怪异：女主角图兰朵是中国元朝皇帝的公主，因为她的女性祖先曾经在暗夜被人掳走，因此格外痛恨男人。她下令如果有男人可以猜出她的三个谜语，她就会嫁给他；如猜错，便处死。流亡中国的鞑靼王子卡拉夫与他的父亲帖木儿和侍女柳儿在大都（今北京）重逢后，目睹了猜谜失败而惨遭处决的波斯王子和亲自监斩的图兰朵。卡拉夫被图兰朵公主的美貌吸引，不顾父亲、柳儿和三位大臣的反对前来应婚，竟猜出了这三道谜语。但傲慢的公主拒绝认输，仍不愿嫁给卡拉夫王子，于是王子提出，公主若能在天亮前得知他的名字，他不但不娶公主，还情愿被她处死。公主唯有严刑逼供王子的父亲和柳儿，以期得知王子的名字。柳儿怀着对王子的爱慕，宁愿自尽以保守秘密。天亮时，公主尚未知道王子之名，但王子将真名告诉了公主，并将自己的生死交由心上人处置。此时，图兰朵的心却已经被卡拉夫征服。故事在喜剧的氛围中落幕。

当时的媒体乐于报道这场文化盛事，纷纷以"'中国公主'图兰朵回'娘家'"为题进行宣传。图兰朵很快在中国成为一个家喻户晓的故事人物。数年之后，张艺谋于 2009 年再一次将《图兰朵》的故事搬上舞台，这一次是在奥运之后的鸟巢体育馆，同样受到了广泛的关注。在他两次执导的演出中，图兰朵的形象均被刻意地塑造成一位中国公主，舞台的布景装饰更提醒观众这是一个发生在古代中国的故事。可惜，这位中国公主在历史上查无此人，甚至不曾出现在中国本土的神话或传说中。故事中的一切听起来颇不像是一位中国人印象中的公主，尤其是图兰朵这个怪异的异邦名字，更让人开始怀疑起公主的身世。

事实上，图兰朵的名字来自于波斯语。dokht 意为女儿或女孩，而 Turan 则是波斯语中对中亚地区的称呼，因此，这位歌剧中的中国公主在波斯语中可直译为"中亚的女儿"。许多熟悉《图兰朵》的读者可能要觉得奇怪了。本就颇为复杂难解的图兰朵一下子变得更加令人好奇。这位神秘的中国公主竟然有一个波斯名字？！莫非她别有出处？想要回答这些问题，我们如同歌剧中被图兰朵刁难的王子们，面临重重考验。因为这实在是一个太漫长而久远的故事——从中世纪的中国，到中亚、到波斯，再抵达近代欧洲，唯有回溯这段历史，我们才能走进图兰朵的故事，破解关于这个中国公主的谜语。毕竟，故事从来不只是故事。

太庙演绎的版本是意大利著名作曲家普契尼的遗作。1924 年，普契尼未来得及完成全剧的创作便去世了，后经弗兰克·阿法洛根据普契尼的遗稿完成全剧。该剧于 1926 年 4 月 25 日在米兰斯卡拉歌剧院首演后一直深受乐迷喜爱。然而，普契尼其实并不是欧洲第一个对图兰朵情有独钟的欧洲人。在戏剧史上，意大利剧作家卡罗·哥兹于 1762 年最早将这个故事写成五幕同名寓言剧。哥兹剧中的中国公

1926 年，配合普契尼歌剧《图兰朵》所出的明信片

主已是个美丽又冷酷、聪明又高傲的形象了。笔者尚未阅读哥兹的剧本，但却幸运地找到了卡罗·哥兹的灵感之源———一本叫《一千零一日》的东方故事集。

此书在今天已经鲜有人知道，但在数百年前，它曾是一本不折不扣的畅销书。此书当然并非是欧洲人接触的第一本东方故事集。早在1704年，巴黎卡路德·巴尔宾办的出版社就已经出版了由安东尼·加仑翻译的《一千零一夜》。此书正迎合了当时的欧洲读者对东方世界日益高涨的兴趣，一时炙手可热，洛阳纸贵，直到今天仍然是许多人的枕边读物。迎着这阵欧洲人对东方文学的兴趣，一本由法国东方学家弗朗索瓦·贝蒂斯·德拉克瓦于1710年左右整理发表的另一本东方故事集《一千零一日》便横空出世。德拉克瓦的父亲是"太阳王"路易十四的阿拉伯语翻译，这让德拉克瓦从小就有机会接受东方学的训练。1670年，年仅17岁的德拉克瓦就被路易十四时代的权臣让·巴普蒂斯特·柯尔贝尔送到阿勒颇学习阿拉伯语，而后于1674年抵达

1826年巴黎版《一千零一日》的插图

当时波斯萨法维王朝的首都伊斯法罕学习波斯语，直到两年后离开波斯。在波斯，他开始对伊斯兰教中的苏非派产生了浓厚的兴趣，甚至与其中的一些苏非修士成了好友。在他日后的波斯旅行回忆录中，他讲述了苏非修士达尔维士·默克拉斯指导他学习波斯诗人鲁米的著作《玛斯纳维》的情景。根据他的回忆，正是在这段时间，达尔维士·默克拉斯向他讲述了日后收集到《一千零

一日》中的故事。

正如书名所暗示，《一千零一日》有意识地利用《一千零一夜》已经造成的轰动效应来宣传自己，尚未出版已先声夺人。它采用了和更著名的《一千零一夜》差不多的框架式故事结构，即用一个主线故事再串起另外多个故事。这种环环相扣的套路是印度和波斯等地传说故事中常用的讲述方式。故事主线讲述了克什米尔公主与埃及王子因一阵奇异的风而相遇，转眼之间又因那奇异的风而分开。公主因此害了相思病，整天郁郁不乐，不思茶饭。公主的老奶妈为化解其相思之苦，于是日日给她讲各种奇幻故事。老奶妈讲了一千零一日，眼见公主的抑郁症刚刚有了转机，老奶妈的故事却山穷水尽了。正在焦急之时，埃及王子千里迢迢地找来了，于是有情人终成眷属。《卡拉夫王子和中国公主的故事》就是其中的"第45日"讲述的故事之一。故事中的中国公主就是日后家喻户晓的图兰朵。

诸如《图兰朵》之类的东方故事为何会在当时引起人们如此强烈的兴趣？盖因17世纪末至18世纪末的100年间，正当欧洲的"中国风"大行其道之时。很久以来，欧洲就一直渴望了解中国。早在罗马帝国时期，中国的丝绸作为一种奢侈品就曾在上流社会引起轰动。进入16世纪后，大批传教士纷纷前往中国，他们带回的各种报告引起了欧洲人对中国的巨大兴趣。当前往中国的传教士们将一幅美好的中国图景呈现在他们面前时，立即引来整个欧洲的无比惊羡。人们疯狂地迷恋来自中国的物品，热衷于模仿中国的艺术风格和生活习俗，以致形成一种被称为"中国风"的时尚。

其中，最能满足欧洲人的东方想象的，自然是充满异域风情的中国公主。18世纪以中国风物为背景的戏剧作品中，中国公主的形象大量涌现，甚至成为这一时期欧洲文学作品里中国形象的代言人之一。此时的法国是欧洲时尚的中心。一切的时髦玩意儿都从巴黎开始向全欧洲扩散。18 世纪初，仅法国作家阿兰·勒内·勒萨日就写了两部以"中国公主"为主题的戏剧。1723 年，他为圣日耳曼的集市编写了《丑角演员巴尔贝、宝塔与官吏》的两幕独白中国剧，其中讲述了一名日本贵族向中国公主大献殷勤的故事。另一出创作于 1729 年的集市剧《中国公主》亦粉墨登场。《卡拉夫王子和中国公主的故事》正是借着这阵东风而起的产物。

此种对中国公主的狂热幻想在一场令人啼笑皆非的闹剧中达到高潮。王海龙先生在其大作《遭遇史景迁》中讲述了一个匪夷所思的真实故事：1694 年的一天，法国的宫廷里跟跟跄跄地闯来了一个女人。这个女人用磕磕绊绊的法文讲述她的身世，声称自己是中国公主——康熙皇帝的女儿！此言一出，立刻令法国宫廷的达官显贵们举座皆惊。她自述被康熙皇帝嫁给日本的王子，却不幸在前往日本的途中为海盗所执。之后几经磨难，辗转来到了法国。这番传奇的身世和经历，自然正中宫廷内游手好闲的贵族和贵妇们下怀。他们立刻争抢着收养这位"中国公主"，给她以鲜衣丽服、珍馐美馔，尽力弥补她曾经遭受的苦难。可惜，纸总是包不住火。不久，一位谙熟中文的耶稣会神父就揭穿了这位"中国公主"的画皮。不过，即使在此时，人们仍一厢情愿地拒绝相信神父的证言。直到会说中文的法国人越来越多，这位"中国公主"的神话才最终破产。如今想来，倒是这位神父的揭穿颇不合时宜——当时的欧洲人完全沉浸在自己虚构的东方幻想中，哪儿还顾得上公主的真与假呢？即使明知是假，又如何舍得错过这一出活色生香的人间奇事？"康熙女儿"的故事如是，更著名的中国公主——图兰朵就更是让他们欲罢不能了。图兰朵的修饰和包装要远远胜过那位冒牌的中国公主，因此，想要窥见图兰朵的真相显然没那么容易。如果说之前提到的如《中国公主》一类的文学戏剧作品多属于欧洲人对中国的漫无边际的直接想象，那么图兰朵故事则更多了一层历史真实。

包含《图兰朵》故事在内的《一千零一日》故事集出版之时，正值伊朗历史上的萨法维王朝。不同于中国的遥不可及，波斯显然是欧洲人更容易达到的"东方"。自法王路易十三开始，法国即希望和萨法维王朝建立直接的外交往来。当第一支法国使团到达波斯宫廷时，当时处于巅峰的阿拔斯一世即承诺给予法国商人优先地位。在众多前往萨法维波斯的法国商人、传教士和使臣中，最知名的当属让·夏尔丹。此人原是一位富有的珠宝商，却生性好奇，酷爱游历，因此于1664年和一位里昂的商人相约前往波斯和印度，至1670年方返回法国，并于之后出版了他的波斯游历见闻。夏尔丹的波斯语相当出色，加上在波斯多年，因此这本游记不仅描写生动有趣，而且细致地记录了大量关于萨法维宫廷政治内幕。在德拉克瓦的《一千零一日》横空出世之前，夏尔丹的游记早已经成为炙手可热的畅销读物。

《图兰朵》的出现可谓恰逢其时。这个故事先是漂洋过海从波斯来到法国，本身就已经噱头十足，而故事中的中国背景更迎合了法国人对更遥远中国的想象，它毫不意外地成为《一千零一日》中最受人欢迎的故事，可见中国元素对当时的欧洲人吸引力之大。18世纪的欧洲人很喜欢这位中国公主。就在德拉克瓦的《一千零一日》法文本出版后，其英译本就紧接着于伦敦出版，在此后更作为"东方故事"的典范出现在维多利亚时代的儿童读物中。否则，我们很难想象卡罗·哥兹会在德拉克瓦去世近五十年之后将《卡拉夫王子和中国公主的故事》改编成戏剧《图兰朵》上映。

正因为太受欢迎，《图兰朵》的故事很快就从《一千零一日》中脱离开来，逐渐成为一个独立的东方故事。与此同时，这位从波斯传入欧洲的中国公主开始了不断中国化的过程。1802年底，德国剧作家席勒继哥兹之后重新改编了《图兰朵》。席勒的改编版最与众不同之处，即他在剧中极力为图兰朵点染中国色彩，成为此后这一趋势的滥觞。席勒此时正对中国文化充满向往，他对自己的这版《图兰朵》显然颇有抱负，"但望通过诗意方面的润饰，使这剧在演出时有较高的价值"。在剧本的细节处，席勒也尽力贴上中国标签，哪怕某些地方实在显得牵强。例如，他特意将原哥兹剧中祭祀的 10 匹马、10 头牛各改为 30 匹马、30 头牛，因为他知道，"三"是中国最常用的数字，而且往往包含有特别的意义。席勒还将原剧中伊斯兰教真主的名称——想必这是从《一千零一日》带来的痕迹——改为符合中国习惯的称谓"天"和当时欧洲人心目中的中国第一个皇帝"伏羲"。翌年，《图兰朵：中国的公主》在魏玛公演了。歌德在看完该剧后，认为此剧描写"奇异的北京"及"爱好和平、生活随意而幽郁的皇帝"，对德国舞台有很大价值。

到了普契尼的时代，他仍秉承了席勒将图兰朵不断中国化的原则。仔细对比德拉克瓦原著著作和普契尼在近两百年后的改编，会发现后者的故事主线仍然不变，差异之处全在细节。和席勒一样，普契尼从一开始就着意将《图兰朵》打造成一个中国故事。由于他本人从未到过中国，因此在剧本创作过程中，他颇为倚赖编剧之一，即曾被派驻北京的意大利记者席莫尼。席莫尼将他短暂的中国游历和零星的中国知识无限夸张，通过肆意的想象为剧本增添了更多的中国风情，无论是舞台设计还是人物造型，都带有夸张的中国元素，尤其是中国民歌《茉莉花》的旋律响彻全剧始终，更不断地向观众强调图兰朵的中国血缘。然而，在去掉这些标签式的中国元素之后，这个故事还剩下什么呢？

一个从"天国下来"的"死亡公主"、"冰山美人"——用剧中卡拉夫的话说。

二

真实的图兰朵

普契尼歌剧的一开场，图兰朵就蒙着一层神秘的面纱。只待北京观众、刽子手、平彭庞三位大臣、波斯王子、众位鬼魂及卡拉夫等人众星拱月一般地将她的美貌和残酷渲染到极致，图兰朵才正式现身。她冷酷、傲慢、骄纵，却仍吸引着各国王子为了她不计死亡的代价，如剧中那歌谣所唱的那样："图兰朵美若天仙，连老天爷都被她的美貌感动。"在《一千零一日》中，德拉克瓦这样描述她："她既有令人神魂颠倒的美貌，又有丰富的学养，因而不只具备她所属地位所应具备的知识，还懂得只有男人才懂的学问，她会写数种语言的文字，会算术、地理、哲学、数学，特别精通神学。"这位年仅19岁的公主凭借着这些优势，向来不把追求她的王子们看在眼里，如毒蜘蛛一般，一心要将猜谜失败的人处死。

这样的一位公主，果真存在于元代历史上吗？

元代的公主制度是在继承蒙古原有传统基础上吸收汉地公主制度逐步完备起来的。在元代，公主一词所表达的意思较中原王朝的公主称呼表述的范围有较大的变化，已不再只是皇帝女儿的专利，诸王的女儿也可以享受公主的尊号。和图兰朵戏剧性的选婿方式不同，真实的元代公主们婚姻的确立有严格规定，具有浓厚的政治意味，绝不似《图兰朵》故事中一般恣意潇洒。然而，当我们将视线不再局限于《一千零一日》中提到的大都时，一位同样令人心魂震荡的蒙古女性就出现了——只不过她并非凭借美貌，而是出众的体格和胆魄。她就是成吉思汗的曾曾孙女，海都著名的女儿忽秃伦查合（或忽都鲁察罕）。在《马可·波罗游记》中，马可·波罗叫她阿吉牙尼惕。

　　这位传奇的蒙古公主并未出现在任何中文史料上，我们今天对忽秃伦的了解，大都来自于意大利旅行家马可·波罗的游记和波斯伊利汗王朝的宰相拉施特奉第七代伊利汗合赞之命编纂的《史集》。忽秃伦大约生于1260年。在1280年，她的父亲孛儿只斤·海都成了中亚最有权势的统治者，统治着从西蒙古到阿姆河，从中西伯利亚高原到印度的领土。海都是窝阔台的孙子，而与拖雷之子、蒙古大汗（合罕）忽必烈为堂叔侄关系。海都好战，为了争夺蒙古帝国的最高统治权，他宁可违反札撒（即成吉思汗制定的法令），叛逆反抗，与忽必烈及其孙元成宗铁穆耳屡屡交战。

　　虎父无犬女。据史料记载，海都的女儿忽秃伦身形高大，体格强健，且精于骑射，尤其于角力一项更是闻名于世。角力，又称角抵，即摔跤，蒙古语谓之"搏克"，素为蒙古族"好汉三艺"、"男儿三技"之一。这项竞技的历史极为悠久，根据考古资料，甚至可以追溯到匈奴时期。摔跤在蒙古人的生活中扮演了一个十分重要的角色，从七八岁的孩童在耍闹途中、三五青年聚会时，到祭祀敖包的"鄂博"仪式后或那达慕大会上，都可以看到或即兴或正式的摔跤比赛的身影。技艺高超的摔跤手必须从孩提时代就开始锻炼，先用特制的羊毛口袋做成沙包，或手提，或脚踢，再根据力量的增长逐渐加大沙包的重量，等到双手能轻举、一脚可踢翻沙包，便到了可以上场参与比赛的时候。忽秃伦与14位兄弟一同长大，自幼便学习摔跤之技。稍长，她已经凭借出色的摔跤技艺令人吃惊。

　　蒙古式摔跤近似于今天所谓的自由式摔跤，这种摔跤方式可以任意制服对方，严重时甚至可以置对手以死地，其激烈程度可想而知。忽秃伦精于此道的名声很快就不再局限于兄妹之间。她开始越来越多地参与公开的大型比赛，和故事中的图兰朵用谜语在智力上击败各国王孙一样，忽秃伦在她的竞技场上也保持着不败的纪录。忽秃伦的这项才能显然得到了她野心勃勃的父亲的支持，甚至鼓励。据王颋先生的考证，捽跤正是她的曾祖父窝阔台特别热衷的活动，常常以举行角斗的比赛作为消遣行乐的手段。当然，这种游戏本身就是蒙古人尚武精神的体现。

忽秃伦的女运动员形象和我们一般认知中的公主颇不搭调。我们很难想象身处宫室的帝王之女强身健体，甚至亲自参与竞技体育的画

女眷随忽必烈出猎，（元）刘贯道《元世祖出猎图》局部，现藏台北"故宫博物院"

面。然而在蒙元时期这并不稀奇。在蒙古帝国早期，中国传统儒家的"内事"观和"外事"观在蒙古人的观念中并不存在。史料记载蒙古"男女都看管绵羊和山羊，挤羊奶的有时是男人，有时是女人"。而妇女们则跟随并协助男子出兵打仗，"随身携带弓弩和箭囊"。用今天的眼光来看，蒙元时期，妇女们享受了相对较大的自由度，男女之间不存在明显森严的秩序界限。宋人孟琪曾对蒙古帝国早期的妇女生活做了如是记载：

> 其俗出师不以贵贱，多带妻孥而行，自云用以管行李、衣服、钱物之类。其妇女专管张立毡帐，收御鞍马辎重、车驮等物事，极能走马。所衣如中国道服之类。凡诸酋之妻，则有顾姑冠，用铁丝结成，形如竹夫人，长三尺许，用红青锦绣或珠金饰之，其上又有杖一枝，用红青绒饰。又有文袖衣，如中国鹤氅，宽长曳地，行则两女奴拽之。男女杂坐，更相酬劝不禁。北使入于彼国，王者相见了，即命之以酒，同彼妻赖蛮公主，及诸侍姬

称夫人者八人，皆共坐。凡诸饮宴，无不同席。

蒙古女性的这份骄傲，甚至得到过成吉思汗本人的赞赏。《蒙古秘史》中记载了一则非常有趣的材料：1206 年成吉思汗统一蒙古论功行赏时，曾说过一句："女子每行，赏赐咱。"译成汉文即为："给本族的女子们恩赏吧！"尽管缺少上下文，有学者推测，成吉思汗的这句褒奖和他的女儿阿剌海别吉有关。成吉思汗西征，四个儿子都带兵随行，唯有阿剌海留守。成吉思汗一生都与阿剌海保持了极为亲密的关系，对女儿的统治术颇为信任。阿剌海在与汪古部建立婚姻后依然参与军国大事，被封为元朝"监国公主"。

我们不妨大胆猜测，海都或许有意和女儿忽秃伦保持如同成吉思汗和阿剌海之间的亲密情感。这位一心渴望登上至高权位的父亲真诚地以拥有这样一位女儿为傲，他欣赏她，宠爱她，甚至依赖她——忽秃伦在摔跤赛场上的不败纪录为她赢得了极高的声誉，在蒙古传统上，这无疑是一个强有力的政治象征。在蒙古历史上，海都以反抗者的形象出现。自拖雷后裔蒙哥当选蒙古大汗始，窝阔台后裔渐失势。作为窝阔台之孙，海都接受了一份属于他的并不光荣的政治遗产。雄心勃勃的海都唯有积蓄实力，纠集部众，才能力图与忽必烈争夺蒙古帝国大汗宝座。海都希冀大汗之位属于窝阔台后代，并创造一切可能的条件来宣示他的优越性，而他能力超群的女儿或者也正恰逢其时地给予了他渴望的支持。

在政治和军事上，来自忽秃伦的劝告与鼓舞对海都显得越来越重要。马可·波罗甚至将忽秃伦描述为一位第一流的战士：她纵马驰骋，杀入敌军的阵列，像老鹰捉小鸡一样轻松地捉住一名俘虏。她在许多场战役中与她的父亲并肩作战，而这些战役都是为了反对忽必烈的统治。有证据表明，忽秃伦在她的父亲充满颠簸的晚年生活中扮演了极为重要的角色，这种异乎寻常的亲密关系甚至影响了她的婚嫁。拉施特在《史集》中态度暧昧地提道："父亲（指海都）没有将她出嫁，人们怀疑他与女儿有不可容许的关系。"考虑到海都与伊利汗王朝的恶劣关系，拉施特的言辞很有可能只是对海都的恶意中伤。然而，这的确说明了海都与他的女儿为她没有出嫁一事所可能承受的巨大的道德压力。

忽秃伦的出嫁势在必行。蒙元时期，婚姻缔结从来不仅仅是男女双方的事情，而是将两个家族或者家族关系连接到一起，实现不同家族之间共同的政治和经济利益。蒙古政权建立之后，为了巩固政权的需要，同时也为了表彰为蒙古王朝立下汗马功劳的各个部落首领，公主的婚姻制度带有浓厚的等级色彩，"非勋臣世族及封国之君，则莫得尚主"。蒙古政权与先后归顺的弘吉剌、汪古、亦乞列思、斡亦剌等部和高昌畏兀儿亦都护家族约为世代婚姻，驸马也就主要来自于弘吉剌、汪古、亦乞列思、斡亦剌部落与高昌畏兀儿亦都护家族。这些驸马，他们大多是各个部落的首领或者前任首领的后裔，显赫的地位使他们世代享有"尚主"的权利和荣誉。

正因如此，驸马的人选不可不慎。驸马大多被封王，社会地位很高，而且手中握有巨大的权力。根据蒙古的分封制度，每一个驸马家族都是拥有政治经济军事实力的集团，是一支不可忽视的力量。海都的另一个女儿、忽秃伦的姐姐忽秃秦的悲剧就证明了这一点。和忽秃伦不同，忽秃秦早早地出嫁。在她怀孕时发现丈夫恋上了一个女奴。她指责丈夫的行为，却不幸惨遭丈夫毒打致死。尽管海都得知此事，但他并没有对女婿实行报复。相反，海都又将自己的另一个女儿嫁给这位残忍的女婿，因为女婿的父亲地位极高，是海都需要倚赖的人物。

不知是否因为姐妹的前车之鉴，忽秃伦如《图兰朵》故事中描述

角斗中的忽秃伦，《马可·波罗游记》手抄本插图，现藏法国国家图书馆

的那样选择了以竞技的方法选择自己的丈夫。不同的是，图兰朵以谜语斗智，而忽秃伦则比武招亲——谁能在摔跤场上赢过她，谁就能成为她的丈夫。如果输了，败阵的对手就得被罚100匹马，作为她的战利品——这一点可比图兰朵仁慈多了，至少挑战者们不必赔上性命。这样的比武招亲无疑有着巨大的诱惑力。来自各地的男子们跃跃欲试，希望可以一举赢得公主芳心，同时证明自己是最勇猛的摔跤手。可惜，他们很快就发现自己面对的是一位毫不留情的强大对手。忽秃伦一如既往地保持了不败的纪录，并赢得了越来越多的战利品。她获得的骏马数量以万计，几乎可以与帝王比肩了！

除非有人能在第一轮比赛中一举击败忽秃伦，否则她就不嫁人。根据马可·波罗的描述，大约在1290年左右，有一位年轻人曾有希望破除这条魔咒。和《图兰朵》中的卡拉夫一样，这位倾慕公主的单身汉也是一位邻国王子，俊美强壮，信心十足地以1000匹马下注，誓要抱得美人归。忽秃伦的家人们嘱咐忽秃伦在比赛中不必尽力，装装样子即可，目的就是为了王子可以得胜。然而忽秃伦不以为意，断然拒绝了这一建议。比赛当天，围观者众，海都亦亲临现场。马可·波罗用中世纪旅行家惯常的半记录半想象笔墨描述了这场盛大"角抵"：

> 女先出场，衣小绒袄，王子继出，衣锦袄；是诚美观也。二人既至角场，相抱互扑，各欲仆角力者于地，然久持而胜负不

决。最后女仆王子于地。

骄傲的王子败于忽秃伦的手下，他恼羞不已，并视此为奇耻大辱，遗下所带的千匹骏马，立刻归还本国。我们无从考证这位王子的生平，但这或许是忽秃伦生命中唯一的一次罗曼史，尽管它以失败收场，并未如《图兰朵》中那样出现王子抱得美人归的皆大欢喜——这或许就是历史与艺术的距离！

元成宗大德五年（1301），海都纠合诸王，再度进兵元朝，最后在和林被元武宗海山击败，一个月后便伤重不治。这一年，忽秃伦大约 40 岁。据说，海都在去世前曾有意立忽秃伦为自己的继承人，却因为包括察八儿在内的她的兄弟们以及亲戚的反对而作罢。在海都死后，忽秃伦曾一度希望扶持她的兄弟斡鲁思继承汗位，却也最终失败，并与海都的其他承嗣者沦落至归顺元朝的境地。她生命的最后一段时光在为父亲海都守墓中度过，于数年之后去世。至于忽秃伦最终的婚姻归宿，我们只知道她在父亲的追随者中选择了一名名叫阿卜塔忽勒的男子，并且在没有和他摔跤的情况下就嫁给了他。

这位骄傲的公主因此永远地保持了自己不败的纪录！

　　忽秃伦的魂灵显然在马可·波罗之后的欧洲游荡着，马可·波罗笔下似真似幻的种种桥段在之后的欧洲文学中继续上演。在文艺复兴时期的意大利，两部独具一格的骑士文学出现了。一部是 1482 年意大利诗人博亚尔多发表的史诗《恋爱中的奥兰多》，另一部则是续它而写的《疯狂的奥兰多》。两部书取材来自于在欧洲家喻户晓的法国史诗《罗兰之歌》。《罗兰之歌》的历史背景是法兰克国王查理曼的军队在 8 世纪与西班牙的巴斯克人的战争。在史诗中，罗兰作为查理曼手下的十二圣骑士之一，与敌人血战到底，最终光荣牺牲。拥有战争英雄和宗教圣徒双重身份的罗兰，也成为整个中世纪全欧洲人们所颂扬的对象。

　　传统的史诗中，罗兰是一位不为情感所动的铁血英雄，然而，在意大利的两部相关作品中，出现了一位十分引人注目的主要女性角色：安杰莉卡。安杰莉卡是契丹的公主，而以奥兰多（罗兰）为首的众多男性角色则疯狂地追求她。她的形象起初是一个"高贵的诱惑者"：如果基督徒或穆斯林战士能够击败她的兄弟阿加利亚，她就会嫁给他。然而，比武招亲的后果是悲惨的：穆斯林战士费拉乌杀死了阿加利亚，而安杰莉卡逃跑了。当基督教圣骑士奥兰多开始追逐安杰莉卡时，他为她花费了无数心血，却仍然不遂所愿。当得知安杰莉卡返回中国故土时，奥兰多绝望嚎叫，乱砍滥杀，终至疯狂。契丹，也曾是波斯对中国的称呼。和图兰朵一样，安杰莉卡"这个女人唯一的乐趣在于一直能让最了得的骑士疯狂地爱上她，追着她跑，却永远也抓不住她"。或许，安杰莉卡是图兰朵（忽秃伦）的另一重分身。

我们对图兰朵的原型——忽秃伦公主的了解基本来自《马可·波罗游记》。这位中世纪欧洲旅行家绘声绘色的描述，很容易让读者相信他曾目睹过那场 1290 年发生在中亚的比武招亲。然而，历史学家考证出的史实却得出了一个截然相反的结论——自 1275 年以后，马可·波罗再没有踏足中亚地界。因此，他笔下活灵活现的忽秃伦的罗曼史都得自他旅居波斯伊利汗国期间的听闻！这个发现对我们理解《图兰朵》故事无疑至关重要。它提醒我们，姑且不论马可·波罗或拉施特关于这个故事的记载是讹传或事实，忽秃伦的形象或之后《图兰朵》的故事雏形，早至伊利汗国时期已经出现！

至此，许多初看莫名其妙的细节瞬间都被赋予了深义。首先，我们可以相信图兰朵之名并非德拉克瓦的杜撰，而极有可能是达尔维士·默克拉斯在向他讲述《卡拉夫王子和中国公主的故事》时曾提到的原名。在历史上，波斯一直把中亚地区称作 Turan，而中亚地区的人们也接受这个称呼，自称 Turani（图兰人），这个自称甚至在莫卧儿时期仍然存在。根据王颋先生的考证，忽秃伦比武招亲的可能地点或位于"亦列河和吹河之间"的虎司斡鲁朵，或位于中亚名城撒马尔罕。无论是斡鲁朵或撒马尔罕，都在海都统治下的窝阔台汗国境内，正是《列王纪》中所指的"图兰"地界。因此，在伊利汗王朝以降的波斯，包括在萨法维时期的达尔维士·默克拉斯的传说中，忽秃伦以"图兰朵"——中亚公主的身份被记忆了下来。

仔细阅读德拉克瓦的《卡拉夫王子和中国公主的故事》，我们将会发现大量隐藏在字里行间关于这一时期中亚历史的蛛丝马迹，尤其是故事的男主人公卡拉夫更向读者透露了这个故事的中亚属性。根据德拉克瓦的叙述，故事中卡拉夫王子的父亲帖木儿是诺盖汗国的统治者，由于近邻克里米亚汗国的入侵，被迫逃离故国，这才发生了之后一系列精彩的故事。历史上的诺盖汗国即是金帐汗国分裂后的一个小汗国，也被称为鞑靼汗国，都城就在里海北岸的阿斯特拉罕。在德拉克瓦的笔下，或者说德拉克瓦从苏非修士默克拉斯口中听得的故事中，图兰朵的爱人卡拉夫具有一切美好的品质：相貌标致，人品高贵，且精通医术，甚至可以熟练地背诵《古兰经》——一位理想中穆斯林王子的标准像。同故事中对图兰朵的美化一样，这类对卡拉夫的叙述同样只是这个故事在流传过程中不断由后人演绎润色的产物。

那么，"图兰公主"忽秃伦为何又在之后的波斯故事中变成了中国公主呢？

这就要从波斯概念中中国和中亚的联系说起。今天地理学概念中的中亚，大致指的是西至里海，东到中国，南到阿富汗，北到俄罗斯的广大区域。然而，有关中亚地区的划分一直是不太固定的。早在7世纪，波斯萨珊王朝的正史《帝王纪》中，所谓的"图兰"的概念就很模糊。在古代波斯人的想象中，"图兰"在很大程度上仅仅是波斯的对应，并没有明确而清晰的地理区划。菲尔多西在写作《列王纪》时，又多沿袭前人的说法，记述了伊朗上古时期国王法里东年老时三分天下的故事。法里东把遥远的罗马分给大儿子萨勒姆，把世界的中心、物产富饶的伊朗分给小儿子伊拉治，而把中国和中亚地区分给二儿子图尔（Tur）。图尔的封地被叫作"图兰（Turan）"，意即图尔人的聚居地。图尔认为父亲分封不公，伙同萨勒姆杀害了弟弟伊拉治。从此，伊朗与图兰两国之间结下世仇，战火连绵不断。这样的神话传说无疑是上古时期定居的波斯人与中亚游牧部落之间长期征战的反映。但是，菲尔多西将中国和中亚同时作为图尔的封地图兰，无疑更加模糊了中国和图兰两者之间的区别，"中国"与"图兰"有时竟成了同义词。尽管如此，穆宏燕先生指出，有一点是至关重要的，那就是虽然"中国"指图兰，但"图兰"一般不能指中原。

菲尔多西写作《列王纪》的时代，正值喀喇汗王朝（即我国史书中的黑汗王朝，1212 年为蒙古所灭）统治中亚的时期。喀喇汗幅员辽阔，西与波斯为邻。据史料记载，喀喇汗王朝统治者自称"桃花石汗"或"中国汗"，借此来凸显自己地位的尊贵。11 世纪喀喇汗王朝学者马合木·喀什噶里在《突厥语大词典》中将"秦"（中国）分为三部："上秦在东，是为桃花石；中秦为契丹；下秦为巴尔罕，而巴尔罕就是格式噶尔（喀喇汗王朝都城）。"在这里，上秦、中秦分别对应宋朝、辽朝，而位于西域的喀喇汗王朝

伊朗和图兰之间的战争，白松虎儿手抄本《列王纪》，1430 年，现藏伊朗德黑兰古丽斯坦宫博物馆

被称为"下秦"，包括在秦的地理概念中。很有可能，正是这个建立在图兰的下秦更让当时的波斯人肯定了图兰和秦之间的某种联系。

到了蒙古时期，情况变得就更为复杂。1206 年，成吉思汗建国称帝，继而在今天的欧亚大陆上进行了持续的征战。经过不到一个世纪的时间，蒙古帝国的疆域已经将亚洲和东欧大部分地区囊括在内，东起鄂霍次克海，西到多瑙河，在世界史上第一次将整个欧亚大陆正式连接了起来。蒙古统治者四处设立驿站，开辟驿路，帝国的臣民们"适千里者如在户庭，之万里者如出邻家"。尽管其后的蒙古帝国西部

分裂为窝阔台汗国、察合台汗国、金帐汗国、伊利汗国，但四大汗国的统治者在血统上均出自成吉思汗黄金家族，彼此血脉相连，在名义上仍奉入主中原的元朝为宗主。因此，在伊利汗或其后的波斯民间故事中，窝阔台汗国的图兰公主忽秃伦被记忆为元代公主，也就很有可能了。穆宏燕先生就注意到，14世纪著名波斯诗人哈珠·克尔曼尼创作的《五卷书》之一《霍马与胡马云》，讲述的是波斯王子霍马与中国公主胡马云的爱情故事，其中讲到"王子说完，一抖马缰，直奔中国去了。每到一处，他就打听图兰在何方，每到一处，就探询中国公主的消息"。这里，"中国"和"图兰"是完全等同的一个概念。

更有趣的是，图兰朵本人似乎从未真正远离过图兰，甚至在蒙古帝国分崩离析许久之后，其魂灵仍消散不去。18世纪，中亚在世界政治版图上的地位已经大不如前，此时却在当地兴起了创作中亚历史上著名的征服者——帖木儿的传奇性传记《帖木儿之书》，此类用波斯文或察合台文描写帖木儿生平的文学多极力渲染帖木儿的文治武功，许多描述并不符合史实，但采用了大量充满传奇性甚至神秘主义的内容，以凸显帖木儿统治的合法性。其中讲述帖木儿和他的妻子萨雷·穆勒克相遇的章节，就明显脱胎于图兰朵或者忽秃伦的故事：察合台汗共有九个女儿，其中最受宠爱的是小女儿萨雷·穆勒克。当她的父亲让女儿择婿出嫁时，萨雷·穆勒克提出谁能在棋局上赢她，谁就是她的夫君，哪怕他是一个低贱的奴隶。于是，故事开始出现和《图兰朵》类似的情节。当这个消息传开后，所有的弈棋高手都齐聚王宫，希望凭借自己的智慧赢得公主的芳心。但是公主却毫不留情地一一击败了他们，直到隐姓埋名的帖木儿出现，才终止了公主的不败纪录。

但是，上述的种种只能提供书页中的蛛丝马迹，并未真正展示波斯人将图兰朵转变为中国公主的嫁接技术。事实上，亦真亦幻的中国公主一直是波斯文学中最受钟爱的故事母题之一。自古以来，有关中国公主的诗歌、传说和绘画在波斯层出不穷，并且不断演变、丰富甚至神秘化。也许这片丰厚的文学土壤，才是《图兰朵》故事在波斯孕育生成的最关键原因。

四／画中美人——中国公主在波斯

早在前伊斯兰时代，波斯和中亚就已经开始流传关于中国公主远嫁的故事了。唐朝高僧玄奘在西天取经的途中，经过帕米尔高原的揭盘陀国时，听说了一个很有传奇色彩的故事，于是记录在了他的《大唐西域记》中：曾经，一个公主远嫁给了波斯王。在从中国到波斯的途中却不幸遇到兵乱，接送公主的两国使臣迫不得已，只好把公主暂时安置在一个孤立的高峰上，等待战乱平息。三个月以后，贼寇虽然平息了，但公主却有了身孕。使臣们十分震惊。公主的侍女告诉众人，公主有孕，乃是与天神结合的结果。于是使者们商定不去波斯，就在"极危峻"的孤峰之上筑宫起馆，自立为国。后来，这位中国公主所产的孩子成为揭盘陀国的开国国主，而公主曾经的宫殿就是现在位于塔什库尔干的公主堡遗址。20 世纪初，英国考古学家斯坦因还亲自考察了公主堡。

形形色色的中国公主传说在波斯和中亚的民间传说和文学作品中屡见不鲜。我们已经知道了德拉克瓦《卡拉夫王子和中国公主的故事》就得自波斯萨法维王朝的首都伊斯法罕。尽管有人曾提出，这段颇为传奇的经历——他与达尔维士·默克拉斯的相识相遇——或许仅仅是德拉克瓦为让自己的"东方故事集"

公主堡，1906 年 6 月，斯坦因摄

更增添一点异域色彩。但无论如何，这实在是一个太典型的波斯故事，绝不是一个法国人可以凭空编造的。

《卡拉夫王子和中国公主的故事》通过卡拉夫与旁人对谈引出的赴死的波斯王子的故事，尤其耐人回味。故事是这样的：波斯（撒马尔罕）王子原本在他的宫廷中生活得十分惬意潇洒。白天狩猎，晚上则和年轻人们欢饮达旦，轻歌曼舞，令人忘忧。一天，一位著名画师带着各国公主的画像来到王子的宫廷。当王子观赏了公主们的美丽肖像后，画师向他坦陈这些仅仅是他为了奉承而刻意美化的作品，唯有中国公主的画像是例外，再高超的画技也无法尽绘中国公主的花容月貌。当他向王子展示了图兰朵的画像后，王子难以相信世上竟有如此美貌之人，并如同着魔一般地爱上了画中人。他买下了这幅画，悄无声息地离开他的宫殿，立刻踏上了前往中国之路，希冀能够亲近图兰朵的芳泽。

王子爱上画中美人，这样的桥段在波斯文学中屡见不鲜。最著名者，当数伟大诗人内扎米的叙事诗《七美图》。《七美图》的题材来源于萨珊王朝的贝赫拉姆五世的传说。在《七美图》中，贝赫拉姆自小成长在阿拉伯国王曼扎尔在也门的华丽宫殿中，了解宫殿中的每一个房间，却从未踏入一个被上锁的房间。有一天他打猎归来，命令管家打开了这个房间。当他进入之后，惊奇地发现墙壁上绘着七位公主的肖像，这七位公主分别来自七个不同的气候带，包括印度、中国、花刺子模、斯拉夫、摩洛哥、罗马（希腊）和伊朗。画中美人如此令人动心，贝赫拉姆立刻坠入了爱河。当贝赫拉姆回到波斯登上王位之后，就开始四处寻求这七位画中公主的踪迹，最终如愿以偿，娶得佳人为妻。他下令为新娘们建造了七座美丽的宫殿，每一座宫殿的穹顶分别用七种不同的颜色装饰，以此对应七个不同的星体和气候带，如象征土星的黑色用于装饰印度公主的穹顶，而黄色象征太阳，则属于希腊公主。最有趣的是中国公主的宫殿穹顶，它用一种并不寻常的"檀香木色"装饰，代表木星。天晓得"檀香木色"究竟是什么颜色！内扎米用他丰富渊博的知识给读者开了一个玩笑，以致其后的插画师们甚至不知该用什么颜色描绘中国公主的屋顶。

透过观画者的眼睛，画中人有时宛如活过来一般，影响着无数传奇故事中人物的命运。在中国，最家喻户晓的画中美人自然是王昭君。据传说，汉元帝时后宫嫔妃众多，元帝不能经常看到她们，于是令画工为每人画一幅像，元帝则凭画像召幸嫔妃。美人王昭君因自恃貌美，不肯贿赂画师毛延寿，毛延寿便故意不将昭君的美貌如实描绘出来，令昭君无法得见元帝。后匈奴的单于派使者来向汉元帝求婚，请求将一位美女嫁给他们的君王为妻。汉元帝按照画工们绘制的画像下诏将昭君嫁于匈奴单于为妻。待到昭君拜见时，元帝才发现她"光明汉宫，顾景斐回，竦动左右"。汉元帝深深地感到惋惜与后悔。但是事情已成定局，天子只能忍痛将她送往漠北匈奴的营帐，这才有了著名的"昭君出塞"一幕。

贝赫拉姆和中国公主在檀香木色的宫殿中，尼扎米《五卷书》手抄本插图，1516年，可能在今阿富汗赫拉特制作，现藏美国华特斯美术馆

在古代波斯和中国，绘画，尤其是人物肖像，似乎总是充满

中国公主出嫁，15世纪晚期，伊朗，土耳其托普卡匹宫博物馆册页 Hazine.2153

着魔力。为画钟情，为画销魂，为画伤神，我们已经无处考证出塞的昭君到底有没有将这个故事带到漠北西域，但诸如此种的美丽巧合实在是值得细细玩味。收藏于今天土耳其伊斯坦尔托普卡匹宫博物馆的一幅15世纪的波斯绘画很早就引起了历史学家们的兴趣。在欧洲较早出版的图录中，它往往被简单地标注为"行进场面"（Procession Scene），却很少有人知道画面描述的究竟是哪一个故事。唯一可以从目前的外观知道的是，它曾是一幅更完整作品的一部分。它被人为地割裂，随后被汇编至托普卡匹宫博物馆目前编号为 H.2153 的册页中。

画面中的天色是青金石般的深蓝，侍从手中高举的灯火正炽，说明画面上的故事发生在深夜。画面是如此静谧，尽管它描述的是一队行路中的人马，却无丝毫杂乱的喧嚣，画家将一组人物安排得井然有序，观者在恍惚中仿佛能听到马铃叮当。我们中国人在观赏这幅画时，或许会有似曾相识之感，很容易想起中国古代的美人图。首先，我们会注意到处于画面中心骑马而行的两位女子是典型的中国美人，肌肤胜雪，眉目细长，仪态宛然，身披云肩。两人之间似有所互动，前者回头顾盼，颇有殷勤之状，而后者似以袖子掩面，不胜苦楚，似在涕泣，又像在遮挡风沙。仔细观察之后便会发现，掩面女子的地位明显更高。从她所戴的冠冕推断，她并非一位普通的旅行者。事实上，此类宝冠在帖木儿时期的绘画中有着十分明确的佩戴者——公主，而且极有可能是一位中国公主。

日本大阪市立美术馆收藏的《明妃出塞图》在这时进入了我们的视野。此图卷款署"镇阳宫素然画"，款上钤朱文大印"招抚使印"，招抚使乃宋代战时设立的临时军政官职，可推断此画乃宋金时期宫素然所作。我们对宫素然其人所知甚少，甚至无法确定其主要的活动地域，据说她曾是一位工于丹青的女道士，然今唯有这幅《明妃出塞图》流传于世。画卷描绘了王昭君远嫁匈奴呼韩邪单于，与众随行跋涉塞外的情形。宫素然不着一树一石，只用几处大笔触淡淡渲染，就给人景色荒凉、长路无边、黄沙漫漫之感。仔细对比宫素然的《明妃出塞图》和前一幅托普卡匹藏帖木儿时代的绘画，我们先前对后者的"似曾相识"之感立刻得到了解释。宫素然的《明妃出塞》，属于中国画史上出现较早的昭君形象，昭君骑马而行，身旁有一怀抱琵琶的侍女骑马相随。其风格实际上与托普卡匹所藏的版本截然不同：前者纯系白描，"不施丹青而光彩照人"，充满动感；后者浓墨重彩，颇有静止隽永的趣味，它仿佛是压缩了《明妃出塞图》卷中的时空，或者固

昭君出塞，（金）宫素然《明妃出塞图》局部，现藏日本大阪市立美术馆

定了其中的某一时刻，于是便达到了这种神奇的视觉效果。那么，我们的似曾相识之感又是从哪儿来的呢？

当我们将宫素然的昭君和托普卡匹版本中的"中国公主"形象放置在一起时，答案似乎出现了。最先被注意到的，是两者惊人相似的肢体语言，两者都用以衣袖遮着脸。在宫氏画作中，昭君以此抵挡塞外的漫天风沙。然而在托普卡匹版本中，四处环境颇为静谧，并无沙尘的踪迹，公主却仍以袖掩面，倒更接近一种娇羞的姿态，也有可能暗示她的啜泣。这种转变本身颇耐人寻味。

女子身旁随侍的仆从同样给我们提供了有趣的信息。在托普卡匹藏画中，随中国公主而行的侍从大致有三个不同人种。除了画中挑担者属中国人外，其余皆似来自域外，明显非中原人士。这一细节与宫素然《明妃出塞图》可谓如出一辙。宫氏创作《明妃出塞图》时，正值蒙古入侵中原，因此她笔下随行的匈奴使者皆以蒙古人的形象出现。当我们将两者对比，将会发现惊人相似的细节，无论是衣帽装扮，或五官外貌，甚至连表情都有异曲同工之妙。尽管缺乏任何明确的文献证明"昭君出塞"的故事曾随着昭君的远嫁传到西域，但眼前的图像史料却给出了最有说服力的证据——这幅15世纪的波斯绘画描绘的极有可能就是昭君出塞的场景！

迄今为止，我们并不知道一幅宋金时代的《明妃出塞图》是如何给三四百年之后的波斯画家提供了灵感。是有类似《明妃出塞图》的作品从中国流传到了波斯，成为画家们临摹的对象？还是有擅长此类题材的中国画家在波斯宫廷亲自创作了这一作品？面对这幅神秘的绘画，我们的脑海中会出现无数类似问题，但或许更重要的一个是：当画家们落笔时，他们真的知道笔下描绘的是一个1500年前的中国美人的故事吗？答案很有可能是肯定的，否则他们不会给画中人穿上"中国公主"的衣冠。

收录于宋人郭茂倩编《乐府诗集》中的《怨旷思惟歌》，托为王昭君自伤之作，故亦称《昭君怨》：

秋木萋萋，其叶萎黄。有鸟处山，集于苞桑。

养育毛羽，形容生光。既得升云，上游曲房。

离宫绝旷，身体摧藏。志念抑沈，不得颉颃。

虽得委食，心有徊徨。我独伊何，改往变常。

翩翩之燕，远集西羌。高山峨峨，河水泱泱。

父兮母兮，道里悠长。呜呼哀哉，忧心恻伤。

或许，这幅15世纪的波斯绘画正是这位悲戚的中国美人在她远嫁的西域留下的唯一印记，尽管它是那么的模糊不清。

现在，再让我们从艺术回到历史吧。2009年3月11日，一艘名为"阔阔真公主号"的帆船在科威特阿拉伯海湾路附近的码头举行启航。这一启航是2010年广州亚运会的大型推广计划"亚洲之路"的一部分，目的是为了将广州亚运的理念和广州的城市风采传播到亚洲各国。

伊利汗和他的哈敦，伊朗，14世纪早期，现藏柏林国家图书馆

帆船沿着波斯湾，跨越印度洋，经过南中国海，前后造访了9个亚洲国家和地区的近20个海港，终于在乘风破浪四个多月后抵达羊城。

在大约700年前，曾有一支更加庞大的船队从福建泉州出发，同样经过南海、东南亚和印度洋，抵达目的地——伊利汗王朝的波斯。这支船队的领导者就是马可·波罗，人类历史上最伟大的旅行家之一。我们一般只知他穿越茫茫中亚丝路来到中国的历险，却不知他扬帆海上、乘风破浪的壮举。不过，这位赫赫有名的旅行家并不是此次海上航行的主角。在元朝生活了整整17年的马可·波罗接到元世祖忽必烈之命，护送年仅17岁的阔阔真公主远嫁波斯。

根据马可·波罗的记录，1288年三月十三日，伊利汗国阿鲁浑汗的哈敦不鲁罕氏去世，临命终时，遗言非其族女不得袭其位为阿鲁浑妃。蒙古帝国时期，黄金家族和不鲁罕部世代联姻，多有哈敦出于这个家族。此时，尽管伊利汗国远在波斯，阿鲁浑汗仍依旧派遣兀剌台、阿卜思哈、火者三位使者前往元大都求亲，请忽必烈赐一不鲁罕族女至波斯为新的哈敦。忽必烈选了一位叫阔阔真的少女，赐给伊利汗。考虑到马可·波罗熟悉海路情形，忽必烈于是下令马可·波罗等三人随阔阔真一行前往波斯。

1291 年春，庞大皇家船队从中世纪最著名的港口城市——福建泉州出发，护送阔阔真前往波斯。据马可·波罗所记，船上除了不计其数的水手外，尚有 600 余名随从人员。船队先到达爪哇，从爪哇继续航行，渡过印度洋，1292 年底，阔阔真终于抵达伊利汗国。马可·波罗的记录并没有留下太多阔阔真抵达波斯之后的信息，只告知我们，当阔阔真和使者到达波斯的时候，"新郎"阿鲁浑竟已经于前一年去世，伊利汗国此时正陷入阿鲁浑的弟弟乞合都、拜都和他的儿子合赞三人的权力斗争之中。阔阔真看似很不走运，在度过了如此漫长而艰苦的海上旅行之后，她大概已经筋疲力尽——在开始这次旅行之前，阔阔真一直生活在中国内陆，她平生的第一次远途旅行于她无疑是一场恼人的折磨。据马可·波罗所记，随行 600 人中仅有 8 人幸运地活了下来。然而，大难不死到达波斯的阔阔真面对的却是一个尴尬的局面。根据《史集》中透露的蛛丝马迹，她甚至很可能曾陷于进退两难的境地，不知该何去何从。按照常理，当她由海路抵达波斯霍尔木兹湾北岸的阿拔斯港后，应该立即启程前往西北部的伊利汗国都城桃里寺（即今大不理士），然而令人匪夷所思的是，阔阔真似乎并没有这样做，反而选择逗留在波斯东部的呼罗珊。我们并不知道阔阔真究竟为何做出了这样的决定，但从后来发生的故事看，这一切并非偶然。

有一点是很明显的，富庶的呼罗珊省此前正是阿鲁浑的封地。阔阔真在呼罗珊的逗留，或有可能是采纳火者等波斯使者的建议，以图静观其变。此时正是合赞和乞合都两人矛盾冲突激化的时候。根据《史集》的记载，合赞是在与乞合都公开决裂之后选择前往呼罗珊——此时呼罗珊已经是他承袭其父的封地。正是在呼罗珊，合赞与他未来的哈敦相遇。后来，似乎并未知会乞合都，合赞便娶了阔阔真作为自己最重要的哈敦。他们仅仅从阔阔真从中国带来的"珍稀物中取出一只虎及另一些物品送去献给乞合都"。

对于阔阔真，马可·波罗仅仅以一言带过："此女年十七岁，颇娇丽。"马可·波罗在完成他的护送任务后，即离开波斯，经过君士坦丁堡回到欧洲，后遂有轰动欧洲的《马可·波罗游记》问世，书中最精彩的章节之一就是他伴随阔阔真的海路行程。就在马可·波罗离开波斯几年后，阔阔真的丈夫合赞逐步控制了帝国最重要的呼罗珊、河中地区以及小亚细亚地区，最终进兵大不理士，于 1295 年 4 月 21 日以一种"不流血"的方式用弓弦勒死乞合都。合赞最终登上大汗之位，并改宗伊斯兰，从而开启了伊利汗国历史上最后的辉煌统治，并进而改变了伊朗历史的进程。

1331 年，当合赞汗光芒万丈的统治成为过去的时候，诗人哈珠·克尔曼尼向伊利汗国的末代苏丹、完者都之子不赛因汗敬献了一部充满奇幻色彩的诗篇《霍马与胡马云》。和《七美人》一样，全诗将故事的背景放在古代波斯，讲述了波斯王子霍马为中国公主胡马云坠入爱河的故事。霍马思慕心上人良久，经历梦境与现实，甚至不惜与胡马云的父亲，即中国皇帝发

霍马和胡马云在梦中相会，《霍马与胡马云》手抄本插图，约 1450 年，现藏法国装饰艺术博物馆

动战争以赢得美人。故事的结局是，霍马与胡马云这对有情人终成眷属，霍马甚至还继承了中国的王位，真正成了"统一"波斯和图兰的开国君主。我们不妨大胆猜测，这个故事本身对不赛因的特殊吸引力或许不仅仅在于文学史家们常提及的神秘主义。不赛因在其孩童时期继承的伊利汗国，早已经不复合赞时期的强盛。他的一生都活在朝中权臣的阴影之下，始终无法施展其抱负，宫廷彻底成了权力斗争的中心。而此时波斯更连续遭受了一连串的自然灾害，包括从欧洲传入的黑死病。尽管他有心进取，却天不假年，只活了三十出头就去世了，死时甚至未有子嗣。克尔曼尼向不赛因献上《霍马与胡马云》时，离他去世只剩数年，这部以"中国公主"为框架的故事，或许让他回忆起了汗国曾经的辉煌。

最后，让我们再一次回到熟悉的《图兰朵》故事吧。我们已经知道了德拉克瓦《卡拉夫王子和中国公主的故事》的来源——波斯萨法维王朝的首都伊斯法罕。年轻的东方学家德拉克瓦所看到的萨法维帝国正是这样的一幅图景：宫阁庭院依旧，丝竹管弦寻常，但这一切已经是急景凋年。17 世纪的萨法维帝国正处于内忧外患的艰难处境之

《年轻的苏莱曼一世和他的随从们》，1670 年，伊斯法罕，曾属于俄国沙皇尼古拉二世，现藏俄罗斯圣彼得堡东方学研究所

中。曾经属于这个王国的一切荣耀正在灰飞烟灭。1666 年，萨菲二世登基。这个长于后宫的稚嫩国王难以面对繁杂的宫廷政务，对一切都力不从心的他唯有沉迷于酒精和女色。1694 年，当时已经改号为苏莱曼一世的他在纵酒后去世，

留下一个更疲敝赢弱的国家。来自多方的外敌，包括宿敌奥斯曼土耳其人、中亚乌兹别克人以及后来出现的欧洲列强，成为萨法维晚期最头疼的问题。野心勃勃的欧洲列强和探险家们怀抱着对想象中的富庶东方的贪婪，千方百计地开拓了从欧洲到东方世界的新航路，曾经连接两者的唯一通道——跨越欧亚大陆的路上丝绸之路，逐渐淡出历史舞台。

　　在这样的背景之下，中国，这个曾经与波斯如此休戚相关的国度，虽然已经不再是萨法维国王们关心的重点，却依然保存在了民间传说的记忆中。达尔维士·默克拉斯向德拉克瓦讲述的那个遥远的中国公主图兰朵的故事，竟颇有点"白头宫女在，闲坐说玄宗"的无奈和伤感了。

第二章

杯中窥人

帖木儿朝的历史有趣，是因为有太多有趣的人出现在这百年间。其中最有趣中的一位，则是本文的主人公——兀鲁伯。兀鲁伯有太多的身份：征服者之孙，黄金世系的继承者，撒马尔罕的统治者，宗教领袖眼中桀骜不驯的叛逆者。作为君主，他的名声并不依靠统治，而是仰仗科学；他最终为亲子所弑，却成为中世纪伊斯兰世界最伟大的科学赞助者；除此之外，他还是一位品味卓绝的艺术赞助者，尤其对来自中国的事和物兴致勃勃，流连忘返，是帖木儿朝一位不折不扣的"中国通"。与其说兀鲁伯是帖木儿朝历史上最具悲剧性的人物，不如视他为那个时代最具英雄气质和叛逆精神的勇士。

一 兀鲁伯玉杯

　　这是一只现藏于英国大英博物馆的帖木儿时期的酒杯，纯以碧玉雕琢而成。椭圆形的杯身如同一艘小船，半透明的质地闪烁着云母片一般的光泽。器柄是一只咬住壁口的螭首。在大英博物馆对外展出的伊斯兰艺术品中，这是一件很容易被参观者忽略的器物。论尺寸，它很小，仅能盈掌一握，算不得十分显眼；论品相，这件玉杯的卖相也不十分好，几条浅色斑透明的裂痕几乎贯穿了器表，且杯壁上还有不少褐色斑点，如同补丁一般，令人惋惜。如果用当下品评玉器的标准去衡量，这件玉杯实在瑕疵不少，难怪鲜有参观者愿意为它驻足。

　　但如果凑近观看，观者将会发现杯壁上镌刻一行细微的文字，为"Ulugh Beg Gurgan"。这是什么意思呢？Gurgan 在波斯语中意为女婿，而这个词原本来自察合台语 Kuragan，在同时期的汉文史料中一般被音译为"曲烈干"。曲烈干不是一个单纯的称谓，在这里，它最确切的中文翻译是"驸马"。更准确地说，是成吉思汗家族的驸马。在成吉思汗之后的欧亚大陆，只有娶了蒙古黄金家族出身的女

兀鲁伯的螭首玉杯，15 世纪中早期，撒马尔罕或中国，现藏大英博物馆

子之人，才能享受这一特定的尊号。所谓的黄金家族，指的是成吉思汗的直系后裔，术赤、察合台、窝阔台、拖雷四人的代。历史上最著名的"故元驸马"，是中亚继成吉思汗之后的另一位征服者——帖木儿。

根据俄国东方学家巴托尔德的考证，尽管帖木儿的传记作者们常常将他的族源追溯至和成吉思汗同一位祖先，但帖木儿本身不是蒙古人，而是突厥人。他于14世纪早期出身于河中巴鲁剌思部的一个贵族之家，通过迎娶察合台汗国的公主萨雷·穆勒克，才将自己与成吉思汗的世系联系起来，从而为其日后的统治奠定了合法性。和成吉思汗一样，帖木儿依靠自己超乎常人的狡黠与勇毅创造了一个疆域辽阔的帝国。即使在其功成名就之后，帖木儿最重要的尊号仍然是曲烈干。

之后，他的子孙继续选择了来自黄金家族的女性作为正妻，也继承了这个象征统治权力的称号——曲烈干。帖木儿的三个儿子，乌马尔·沙黑、米兰沙、沙哈鲁以及他的两个孙子，穆罕默德·苏丹和兀鲁伯就在其中。而兀鲁伯（Ulugh Beg）正是出现在大英博物馆所藏的玉杯上的那个名字。可以肯定，这只玉杯曾属于帖木儿之孙、帖木儿王朝历史上的第三位统治者兀鲁伯。

如此，这件看似平凡的玉杯瞬间变得有趣起来。文物本身是枯燥的，文物背后的历史才是生动的，何况它的主人是兀鲁伯这样一位魅力非凡的人物！在帖木儿王朝的历史上，还有谁能像他一般才华横溢，又有谁的结局似他一样充满着悲剧性？笔者对兀鲁伯的生平极感兴趣，曾多次逗留在大英博物馆，仔细地观看这只曾属于他的玉杯。究竟是谁精心雕刻了它？它的主人曾如何使用它？在15世纪的中亚，它扮演了一个怎样的角色？或许，我们可以从这只玉杯开始，以此为途径，进入15世纪早期的帖木儿宫廷，从而理解它的主人和他所经历的时代，尽管他们早已隐没在滚滚岁月的烟尘之中。

苏丹尼耶，圆顶建筑为完者都的陵墓

兀鲁伯（1394—1449）是帖木儿第三子沙哈鲁的长子。1394年3月22日，兀鲁伯出生在波斯西北部城市苏丹尼耶。苏丹尼耶是伊利汗国时期的苏丹完者都着意建造的新城，自帖木儿朝之后，苏丹尼耶便宛如空城，衰败至今，只剩方寸之地。兀鲁伯出生这一年，帖木儿刚好59岁，他正在对伊朗和美索不达米亚实行第二次征服战争。在兀鲁伯出生后不久，祖母萨雷·穆勒克立刻派出信使，将孙儿出生的喜讯告知帖木儿。这令帖木儿非常高兴，他甚至因此豁免了被征服地人民的财税。

兀鲁伯是沙哈鲁和他的妻子高哈尔·沙德所生的第一个儿子。但从他出生开始，兀鲁伯就更多地和他的祖父母联系在一起。这个新生的婴儿很快有了一个响亮的名字，兀鲁伯，意思是伟大的王子。巴托尔德的研究指出，兀鲁伯自幼是由他的祖母萨雷·穆勒克带大的，而且时常伴随祖父帖木儿出征各地。在帖木儿1398年远征印度的时候，萨雷·穆勒克带着兀鲁伯一直行进到今天阿富汗的喀布尔城，因为担心印度的湿热气候才最终返回撒马尔罕。帖木儿对孙儿的离开依依不舍，当他第二年从印度凯旋时，在阿姆河畔迎接帖木儿的队伍里就包括兀鲁伯。

大概从这时起，兀鲁伯一生中大部分时间都生活在撒马尔罕。1409年，他的父亲沙哈鲁继承帝位，将都城从撒马尔罕迁到今阿富汗西北部的赫拉特。沙哈鲁命年仅15岁的长子兀鲁伯留驻故都，掌控河中地和突厥斯坦，自此兀鲁伯独立治理撒马尔罕长达30多年，直到他登上帝位一年后死于他的儿子阿不都·拉梯夫之手。兀鲁伯治下的撒马尔罕几乎是一个独立的政权，完全听兀鲁伯一人之命，而他个人的印迹也深深地烙在了这个伟大城市的每一处角落。

大英博物馆所藏的那件兀鲁伯玉杯应该就来自撒马尔罕。这件玉杯器身较深而外撇，呈椭圆形，圈足较短。杯壁较厚，抛光细腻，但其上有明显裂纹。器身一侧凸起一螭，螭首较扁，头顶独角，卷云式耳，眼睛外凸，楔形鼻，缩脖耸身，前爪紧抓杯沿，嘴衔杯口似乎正探头欲饮。螭身呈弓形，自然形成曲状可执的单耳，脊背近臀处有一长绺毛发向身侧卷曲，后爪置于杯腹的下部。螭，是中国古代传说中无角的龙，大量的中国诗词中均可见到对它的吟诵。螭纹最早出现在中国的青铜器上，至战国时期，玉螭开始出现，其后一直延绵不断，成为常见的玉器表现题材。以螭龙为杯、盏、壶及诸种文玩等器物的把手，历代屡见不鲜，明清两代更为常见。

2011 年，甘肃省兰州市晏家坪发掘的两座明代肃王家族墓中出土了一件和兀鲁伯玉杯颇为近似的青玉双螭耳杯。它的杯体光素，两侧各雕一螭，螭目呈三角形，独角弯垂于脑后。螭首与双爪搭于口沿，螭身弯曲，尾分岔与另一螭尾相绕于杯壁，杯足低矮，体呈圆形。晏家坪墓墓主为肃王家族成员，可知这件耳杯当为明代皇家制器，为王室所用之物，算得上是明代宫廷双螭耳杯的一件标准器。对比这件耳杯与兀鲁伯玉杯，两者之上的螭龙造型颇为接近。

那么，兀鲁伯玉杯是否就是直接作为外交礼物从中国被送到撒马尔罕的呢？从当时两地间的外交状况看，这显然是极有可能的。从 15 世纪初帖木儿去世后，明廷和帖木儿宫廷逐渐恢复了交往。尤其是自 1413 年开始，中国

青玉双螭耳杯，明代中期，甘肃兰州晏家坪明墓出土

和波斯之间的交流互动变得频繁而密切，两者互派使节，互赠礼物，形成惯例。从波斯送来的礼物包括骏马、宝石、异兽等，而中国回赠的礼物种类更加丰富，丝绸、纱罗、瓷器、彩帛等都是最常见的外交礼品。不过，玉器极少被列入礼物单子。唯一的例外出现在明朝第六位皇帝英宗时期。

自明英宗登基以来，兀鲁伯在撒马尔罕一直和中国保持着极为密切的关系。正统二年（1437），沙哈鲁和兀鲁伯父子俩，一个从赫拉特，一个从撒马尔罕，先后遣使来到中国，明廷均按照惯例予以"赏赐"。时隔两年之后，兀鲁伯再一次派遣使臣来到中国；正统十年，兀鲁伯又派另一位使臣伯颜答巴失向英宗进贡。明英宗本人对兀鲁伯的这份友好也十分领情。明朝礼部不仅将对撒马尔罕回赐的规格记载下来，后来甚至载入《明会典》，成为后世沿用的赏例，可见对兀鲁伯的重视。正统十年，当伯颜答巴失从北京启程回撒马尔罕时，英宗特与之诏书，对兀鲁伯予以嘉赏。其书敕曰："王原处西陲，恪修职贡，今复遣使伯颜答巴失等以方物来贡。眷以勤诚，良足嘉尚。使回，特赐王并妻及王子阿不杜喇·阿即思·巴哈都儿等彩币表里，以示朕优待之，至可领之。别敕赐金玉器，龙首杖，细马鞍及诸色织金文绮。"

这份诏书实在是有趣至极！文中提到的"王子阿不杜喇·阿即思·巴哈都儿"即兀鲁伯第二个儿子。这位王子是兀鲁伯曾指定的继承者，自幼即跟随在兀鲁伯身边。英宗在诏书中特意提到这位王子，可见他对撒马尔罕兀鲁伯的宫廷内政十分了然，已经认定阿不杜喇·阿即思·巴哈都儿会继承兀鲁伯的位置，因此在诏书中指名优待，可见明廷和帖木儿帝国的关系远远要比今人所认为的更加深入。同时，这份诏书明确地证实，"金玉器"的确曾作为外交礼物被赠送给远在撒马尔罕的兀鲁伯。

二 贾姆希德之杯

从器形看，兀鲁伯的玉杯颇近似中国文人书房中的水丞。水丞，又叫水中丞，是置于书案上的贮水器，用来盛装研墨用的水。水丞多扁圆形，小巧而雅致，最能体现中国读书人的审美情趣。台北"故宫博物院"的玉器专家邓淑萍先生认为它本就是一件从明代中国送至撒马尔罕的水丞。她甚至在故宫收藏中找到数件与兀鲁伯玉杯器型完全一致的明代玉制水丞，令人信服地证明，明英宗馈赠给兀鲁伯的可能正是一件明朝人书房中的水丞。

然而，波斯显然不需这种中国文人的文房用具。我们不妨先看看波斯的书法家们所用的书写工具。最重要的书法工具自然是芦苇笔，根据所需笔触的粗细，有时也使用竹条制的笔。和中国文人一样，波斯人写字同样使用墨水。这种墨水也是由烟灰制成，混合阿拉伯树胶和水，因此质地较中国所用的墨汁更黏稠。和中国不同的是，波斯人习惯将墨盛在一个小瓶内，底部垫上布条，当书法家需要墨汁书写时，就用笔头轻轻沾浸满墨汁的布条，这样就可以防止书写时墨汁溢出。显然，研墨的水丞并不在波斯的文房工具之列。

波斯人的书法工具

那么，明代宫廷为什么要赠送给兀鲁伯一件他并不实际需要的水丞呢？这很可能是个无解的问题。不过，洪武二十七年（1394），一封以帖木儿的名义献给朱元璋的一封书信中，可能为我们提供了蛛丝马迹。在这封信中，帖木儿提到了波斯神话传说中的"照世杯"，而中国史家不仅完

贾姆希德之杯，1477年，设拉子，伊朗，现藏法国国家博物馆

整地保留抄录了这封国书，而且专门对照世杯的出典作了注释。这一典故来源于波斯传说中贾姆希德之杯。贾姆希德是波斯神话中的皮什达迪王朝最伟大的国王，在琐罗亚斯德教的经典中就已经出现他的形象。据说，贾姆希德的杯子是至高善神阿胡拉·玛兹达赐予他的神圣之物，杯子内盛满了不死药，而且可以用于占卜。当人向杯内观看时，整个宇宙都被显现在他眼前。这个神话在波斯和中亚影响巨大，人人皆知。

波斯人甚至认为波斯帝国曾经的辉煌正是因为有此照世杯的庇佑。在波斯的文学作品中，照世杯也具有重要的象征意义。如此著名的神话从波斯传入中国，是否使得中国皇帝决定赠予兀鲁伯一件传说中的照世杯呢？

帖木儿信开头先赞颂大明开国皇帝"受天明命，统一四海"，接着便表达了帖木儿本人对中国皇帝的敬仰之心：

> 臣帖木儿僻在万里之外，恭闻圣德宽大，超越万古。……今又特蒙施恩远国，凡商贾之人来中国者，使观览都邑城池，富贵雄壮，如出昏暗之中，忽睹天日，何幸如之！又承敕书恩抚劳问，使站驿相通，道路无壅，远国之人咸得其济，钦仰圣心，如照世之杯，使臣心中豁然光明。

这封热情洋溢的书信和之后帖木儿扣押中国使臣的行径似前后矛盾，因此有历史学家甚至怀疑此信纯属伪造。不过，此时帖木儿尚未远征印度，他的气焰估计未必有日后那么嚣张，因此遣使给中国皇帝这样一封示好的书信也不足为奇。

"照世杯者，其国旧传有杯，光明洞彻，照之可知世事，故云。"中国的史家在抄录信件内容之后特意对照世杯做了补充注释，可见这对当时的中国人来说是颇为陌生而有趣的。一见照世杯，就能知世事沉浮，人事代谢，可谓至宝。但对于明朝来说，帖木儿信中提到正因"钦仰圣心"，"心中豁然光明"一句才是问题关键。当明朝得知照世杯的传说后，明英宗或抱着怀柔远人的态度，决定赠予"恪修职贡"的兀鲁伯一件真正的照世杯。尽管没有人知道照世杯究竟是什么样子，但以珍贵的玉石雕琢的器物很自然地成为选择之一。玉石材质剔透，的确颇有"豁然光明"的意趣。

当中国的水丞作为传说中的照世杯送达波斯后，兀鲁伯又如何使用它呢？显然，这只水丞在撒马尔罕被当作酒杯使用。这本不足为奇。在波斯神话中，拥有照世杯的贾姆希德是人类许多重要技艺的发明者，波斯人甚至将酒的酿造也归功于贾姆希德。传说，贾姆希德后宫的一位妃子因为心情郁闷而决定自杀，因此喝下了贾姆希德的库房中找到的一瓶"毒药"。没料到，喝下"毒药"之后，她感到精神愉悦，振奋非常。原来，这瓶所谓的"毒药"其实是一些变质的葡萄，无意中经过发酵便成了最原始的酒。妃子告知贾姆希德这一发现，另他极为兴奋。贾姆希德于是成了波斯历史上第一位为酒着迷的人，他甚至下令整个波斯波利斯所产的葡萄都应该被用于酿造美酒。

当然，这件玉器从水丞到酒杯的功能转变，应该主要和它的器型相关。它本是置于书案上的贮水器，属扁圆形，恰好近似古代波斯一种船形的酒杯。这种酒杯在萨珊时期多用于琐罗亚斯德教的仪式中，直到伊斯兰早期仍较流行。14世纪的诗人哈菲兹就在诗中数次提到了这种酒杯，并以"挪亚方舟"来形容它。直到莫卧儿时期，这种将玉杯比作船的譬喻仍然十分普遍。如此，中国的扁圆形水丞阴差阳错地在波斯文化影响的地方被当成了一只酒杯。

兀鲁伯一生痴迷于玉杯，而最初启发他这一爱好的可能正是这来自中国的水丞。留存至今的帖木儿时期的玉杯，大部分都被断为兀鲁伯的所有物。这些玉杯的器型非常接近，几乎全部以螭首为把手装饰，却各有不同的审美风格，或端庄整肃，或形态玲珑，令人爱不释手。极其稀少的存世数量，让每一件兀鲁伯的玉杯都备受瞩目。这些莹润美丽的器物，曾沾染过中亚帖木儿王朝贵族的体温，从15世纪的撒马尔罕逐渐流落到世界各地。其中的两件，目前收藏于维也纳的艺术史博物馆。

这两件玉杯均藏于奇珍馆，原属哈布斯堡王室的旧藏。自中世纪始，哈布斯堡贵族就开始收藏来自异域的各类奇珍异宝，尤其是费迪南大公（1520—1595）和鲁道夫二世（1522—1612）对这一事业极为热心，今天维也纳艺术史博物馆奇珍馆主要即来自两人的私人收藏。至于来自撒马尔罕的三件帖木儿朝玉器如何进入哈布斯堡王室，缺乏确切的档案记载，根据维也纳大学的莫卧儿艺术史家埃巴·科

玉杯，15世纪中早期，撒马尔罕，现藏维也纳艺术史博物馆

赫（Ebba Koch）教授的指点，最大的可能性是通过葡萄牙人进入维也纳的。

这几件玉器应该都被制作于兀鲁伯统治时期的撒马尔罕。克拉维约的记录证明，这两只玉杯和大英博物馆收藏的兀鲁伯玉杯极为相似，尤其是以衔住杯口的螭龙为造型的把手，很难不令人将这三只杯子联系起来。从其风格和造型的一致性来看，维也纳艺术史博物馆藏的两件玉杯有可能是出自同一个作坊甚至同一工匠之手。和大英博物馆的兀鲁伯玉杯相比，维也纳的两件藏品所用的玉料看起来更为一般。其中一件器表布满杂质，完全没有玉器的莹润洁净之感；另一只虽然好一些，但其雕工却较为粗糙，远不及大英博物所藏的兀鲁伯玉杯精细玲珑。因此，笔者猜测，这两件玉杯很有可能是撒马尔罕当地的工匠模仿中国玉器的产物。

和中国制造的兀鲁伯玉杯相比，维也纳所藏的两件玉杯在外观上发生了较大的改变。其器壁较厚，显然更为笨拙；器身虽然仍呈椭圆，但两端尖翘，貌似舟形，显然更接近波斯本地的船形酒杯；器底亦相应作两端尖的果核形。而且，和兀鲁伯的玉杯相比，其单侧的螭龙已经有了不小的变化：螭身仅余螭首，且造型呆板，失去了原有的生动情态，显然非中国制作，而是出自中亚工匠之手。可能是此时撒马尔罕当地工匠的琢玉水平较低，简化了来自中国的复杂的螭龙造型。

维也纳艺术史博物馆的两件玉杯并非孤例。目前尚有数件器型相同的玉杯收藏于欧洲、印度及伊朗等地的博物馆中。此种同一类型玉杯的成批出现，可以反映出当时伊斯兰世界东部逐渐发展出属于自己的玉器制作业，而本文的主角兀鲁伯正是这一技艺最重要的赞助者。尽管我们无法确定这些留存于世界各地的帖木儿朝玉杯都是出自兀鲁伯统治下的撒马尔罕，但是他本人对玉器的痴迷很有可能是这一时尚的滥觞。明朝皇帝也许不会料到，自己偶然赠送给兀鲁伯的一件玉杯，会开启波斯和中亚当地玉器制造工艺的兴起。

今天，当人们谈到玉，就会将它和中国联系起来。中国人不仅喜爱玉，更擅长制玉，历代名家玉工辈出，技艺可谓绝妙。但是，中国人其实完全不必将玉和中国捆绑起来，放眼世界，玉文化并不只出现在中国。事实上，玉在丝绸之路上扮演了一个重要的角色。玉文化应该是中国和丝绸之路上诸文明共享的宝藏。兀鲁伯欣赏来自中国的玉杯，因为玉也是他本人文化认同的一部分。

　　和之前一样，兀鲁伯和玉石之路的故事也需要从他的祖父帖木儿开始讲起。帖木儿是一个突厥名字，而他本人则是突厥人。在他崛起之前，中亚地区名义上仍然在蒙古四大汗国之一的察合台兀鲁思的统治之下，但汗国内部分裂严重，并且，随着和当地突厥人的频繁接触，汗国已经逐渐突厥化，这一过程即历史学家们所称的"突厥—蒙古"融合。尤其是在汗国西部，即帖木儿出身的河中地区，实际上已经是突厥人的联邦。他出身的巴鲁剌思部就是一个在语言、文化乃至人口上高度突厥化的蒙古部落。

　　帖木儿王朝是最典型的"突厥—蒙古"王朝。在政治军事制度上，它基本承袭了成吉思汗留下的蒙古遗产，以成吉思汗的札撒作为统治的基础；在文化上，除了少数例外，帖木儿王朝的统治者大体上保持了较为强烈的突厥认同。尽管帖木儿王朝时期是波斯文化发展的高峰，但是统治者们的母语并不是波斯语，而是一种叫作"察合台语"

帖木儿坐像

的突厥语分支。察合台语采用阿拉伯字母拼写突厥语，是伊斯兰化之后的中亚诸突厥蒙古王朝使用的语言。兀鲁伯所在的 15 世纪，察合台突厥语诗歌在帖木儿朝宫廷中得到了王公们的大力赞助，可见突厥文化在帖木儿时期的地位。

了解这一背景对我们理解兀鲁伯对玉器的欣赏是极为重要的。长久以来，作为宝石的一种，玉石一直受到中亚突厥民族的推崇。伽色尼王朝（962—1186）的博物学者比鲁尼在八十高龄时写作的《宝石集成》中，阐述人在自然中的地位及其对各种金银宝石的使用。在随后的篇章中，他罗列了约 100 种来自中国、印度、锡兰、拜占庭、埃及等地的矿物，对颜色、硬度以及密度等物理特征进行了描述。其中就包括玉石（yashm）。比鲁尼写道："突厥人相信玉石有祛邪、御敌的作用，因此多用来装饰鞍具、剑柄和腰带。玉石甚至被认为可治疗疾病，尤其适用于医治胃肠疾病。"比鲁尼侍奉的伽色尼朝君主即是突厥人，因此，这部分信息的来源是十分可靠的。

对于中国人来说，比鲁尼的这段记载应该是格外有趣的。他在文中讨论的突厥民族的玉文化，和中国人对玉的理解有许多不同之处。中国人以玉比德，直接将它作为道德的物化象征。东汉的文字学家许慎就在《说文解字》中释玉为："玉，石之美者，有五德。润泽以温，仁之方也；䚡理自外，可以知中，义之方也；其声舒扬，专以远闻，智之方也；不挠而折，勇之方也；锐廉而不忮，絜（洁）之方也。"因此，中国古代文人佩玉，正是看重玉的象征意义，这和突厥人强调玉的实用价值有所不同。

不过，中国和突厥两地对玉的认知也有近似之处。和突厥人将玉视为祛邪之物一样，玉在中国文化中也被认为有防御邪气侵袭的作用，有其药用价值。古人认为，把玉研磨成粉服用，可以"柔筋强骨，安魂魄"。在道家看来，玉甚至是求得长生不老的良药。看来，中国和突厥两地的玉文化很可能曾相互影响。人们通常认为，突厥等游牧民族崇尚黄金，喜爱黄金装饰，甚至将这种"以金为贵"的风尚和中国"以玉比德"的理念作为冲突的对立，如今看来，这实在大不应当。

玉龙喀什河，新疆和田

众所周知，即使在中国文化中，玉也一直和西域不可分割地联系在一起。古代的丝绸之路也可以说是一条玉石之路。在古代中国的地理认知中，玉几乎成为中亚等西域地区的符号。传说周穆王万里西行，和西王母会于昆仑，曾在此载玉而东返。在昆仑山北麓，有一个自古以来就因出产美玉而闻名于世的地方，就是西域名城和田。和田位于塔克拉玛干大沙漠的西南边缘，虽然侧临浩瀚的大戈壁，但发源于昆仑山的于阗河（今和田河）和玉龙喀什河、喀尔喀什河使和田盛产玉石。和田出产尤以羊脂玉最为名贵，状如凝脂，白如截肪，价值连城。

明代玉器的玉材主要就使用质地细腻温润的和田玉。但是，于阗并不属于明朝直接控制的范围，因此，明朝需要通过西域各国的进贡和贸易，才能满足其对玉料的需求。明代著名的科学家宋应星在其《天工开物》记载了当时西域贩运玉石至北京的盛况："凡玉由彼缠头面，或溯河舟，或驾驼，经浪人嘉峪，而至甘州与肃州，至则互市得兴，车入中华，卸萃燕京。玉工辨璞，高下定价，而后琢之。"贩玉带来的利润十分丰富，贩运者众多，除了本地商人，还有来自波斯和西域其他地区的商队，都将和田美玉作为畅销的贵重商品长途贩运至中国。

1603—1604 年亲身游历喀什、和田等地的葡萄牙籍耶稣会士鄂本笃说："最贵重的商品而且最适用于作为旅行投资的，是一种透明的玉块，由于缺乏较好的名称，就叫它作碧玉。这些碧玉块或玉石，是献给契丹（中国）皇帝用的；其所以贵重是因为他认为要维护自己皇帝的威严就必须付出高价。他没有挑中的玉块可以私下售卖。据认为出卖玉石所得的利润，足以补偿危险旅途中的全部麻烦和花费。"

从明朝和帖木儿朝两国之间互相赠送的礼品单来看，玉石也一直是帖木儿朝向明朝输入的重要贡物。据张文德先生统计，《明实录》提到帖木儿朝贡宝石的有 11 次之多，且多是从撒马尔罕运来。正统十年（1445）七月，撒马儿罕处遣使臣伯颜答巴失等来朝贡马驼、金钱豹、玉石等物；正统十二年（1447）十二月，来自撒马儿罕的使臣脱脱不花等，又献玉石、金黄锁弗、红撒哈剌、镔刀等物；《明会典》卷 120 详细记载了此次进贡物品，并"估验定价例"。其中各类品相不同的玉石的情况是："玉石每斤绢一疋，夹玉石每四斤绢一疋。"可见，撒马尔罕的兀鲁伯是一个标准的贡玉大户，不仅进贡次数十分频繁，而且送来的量也大得惊人。这是什么原因？兀鲁伯献给中国皇帝的玉石又是出自何处呢？

比鲁尼在《宝石集成》中明确提到最佳的玉石产自和田，可知和田所产的美玉不仅向东流入中国皇帝的宫廷，同时，和田以西的伊斯兰世界也是和田玉的出口地。兀鲁伯贡给明朝皇帝的玉石显然也来自和田，而他之所以有能力向中国进贡如此大量的玉料，是因为出产玉料的和田曾一度处于他的控制之下。帖木儿时期的史书《两颗福星之升起》记录了这兀鲁伯一生中最显著的武功之一。1424—1425 年间，兀鲁伯集结军队，打败了东察合台汗国的失儿·马黑麻，征服原蒙古察合台汗国的驻地蒙兀儿斯坦。所谓的"蒙兀儿斯坦"，意为蒙古人的土地，是波斯人称呼东察合台汗国时使用的术语。按照巴托尔德的说法，它的地理范围西至巴尔喀什湖，东接瓦剌，北界为叶迷立河与额尔齐斯河，南界则从费尔干延伸至喀什与巴里坤，和田即包括在内。因此可以说，和田一度被纳入兀鲁伯的势力范围。

帖木儿玉棺，撒马尔罕，今乌兹别克斯坦

在兀鲁伯击败蒙兀儿斯坦的统治者之后，玉石是最重要的战利品。他在蒙兀儿斯坦得到了一块巨大的玉石，后来成了帖木儿的棺材。这块玉石的体积极其庞大，重量惊人，据说当兀鲁伯打算将它运回撒马尔罕时，不得不专门制造一辆运输用的货车。当它被顺利运至撒马尔罕后，当地的工匠技巧娴熟地将玉石分为两半，为帖木儿制作了这一举世无双的玉棺。今天，这口玉棺仍然保存在帖木儿的陵墓之中。在玉棺的铭文上，兀鲁伯将他祖父的世袭追溯到《蒙古秘史》中提到的一位传说中的蒙古皇后。

关于这个举世无双的玉棺，还有一段后续的传奇故事。这个故事和继帖木儿之后波斯的另一位征服者有关。1740年左右，阿夫沙尔王朝的开国君主纳迪尔沙征服了当时中亚河中地区的布哈拉汗国。当他占领撒马尔罕后，他下令将帖木儿陵墓中的玉棺运到伊朗西北部什叶派圣城马什哈德，打算用这块巨大的玉石为当地的宗教建筑伊玛目里扎的陵墓做装饰。

然而，不久之后，纳迪尔沙做了一个奇怪的梦，梦见帖木儿本人的一位宗教导师对他说，玉棺必须被立刻运回撒马尔罕，否则将会有厄运降临到纳迪尔沙头上。这个梦令纳迪尔沙十分恐惧。据说，此时纳迪尔沙正面临严重的政治危机，他的儿子也病危濒临死亡。于是，

纳迪尔沙像，伊朗，现藏英国维多利亚·阿尔伯特博物馆

第二天天一亮，纳迪尔沙就下令将玉棺送回撒马尔罕。在返回的途中，发生了另一件意想不到的事情。当运输工人渡过一条河的时候，玉棺突然坠落，碎成两半，所以今天的游客如果去撒马尔罕的帖木儿陵墓参观，将会发现玉棺上的一道裂痕。

有趣的是，纳迪尔沙和帖木儿、兀鲁伯一样，也是突厥人。当初，兀鲁伯之所以费尽心力将这块玉石制作成他的祖父的棺材，正是相信玉石具有避邪御敌的作用。而纳迪尔沙希望将这块独一无二的玉石运到伊朗，可能也是基于同样的考虑。

玉石，带着与生俱来的中亚属性，顺理成章地成为历代突厥系王公权贵们喜爱的器物。兀鲁伯是他的祖父帖木儿的崇拜者，又是突厥—蒙古传统的维护者。这尊玉棺在某种程度上不仅象征着兀鲁伯对帖木儿的深切情感，也代表了他对突厥文化的认同。

四

美酒与毒药

兀鲁伯的玉杯是用来饮酒的。对一个帖木儿王朝的王子而言，饮酒是再平常不过的事情。透过兀鲁伯的玉杯，帖木儿王朝宫廷生活在我们的眼前若隐若现。这只玉杯大约 15 厘米的尺寸，正适合盈握手中，透过它，我们几乎可以想象兀鲁伯在撒马尔罕的宫廷宴会上欢饮达旦的场面。帖木儿时期的细密画多有对这类聚会场景的描绘，风格细腻流畅，颇具写实的效果。一幅 1488—1489 年创作于赫拉特的细密画记录下了苏丹侯赛因·巴依喀拉宫中某次宴饮的画面，让我们得以一窥 15 世纪帖木儿朝贵族宴饮的盛况。这类聚会多在花园中举行。此时或正是春日，杂花生树，乐师拨弄管弦，侍者为参加宴饮的贵族斟饮，画面左下角是一位豪饮之后昏醉的客人，正由两名侍者搀扶着步出。

在任何一个伊斯兰王朝，酒都是宫廷中的暧昧之物。在古代波斯神话中，酒被它的发明者贾姆希德称为"快乐的毒药"。尽管正统伊斯兰教法对酒类的禁忌十分严格，但几乎很少有君主可以舍弃这一绝佳的世俗享受，甚至多有君主沉溺酒精而不可自拔。因此，在大量的伊斯兰著作中，常常有探讨饮酒是否适宜的内容。伽

宫廷宴饮，萨迪《果园》抄本，赫拉特，1488—1489 年，现藏埃及国立图书馆

色尼王朝曾有一本叫《王子之镜》的书，里面就宽容地为君主开脱。该书作者凯尤·玛尔斯说道，如果只在周五（主麻日）和周六饮酒，就是符合伊斯兰教义的。如果在其他时间饮酒，也能够在真主面前得到原谅。他甚至认为，告诫青年人不沾酒精是徒劳的，因为他周围的朋友会对他施加压力。在文章的结尾，他为王子们总结道，尽管不碰美酒是不太可能的事，但最好不要喝太多。如果实在需要大醉一场，就应该控制在"家之四壁"内，免得滋扰他人。

在伊利汗早期，豪饮甚至是英雄的行为。蒙古人最初饮用的一种酒叫马湩，也就是马奶酒。这种酒一般色白而浊，口味较酸，酒精度数不高。蒙古人征服波斯后，才品尝到了酒精度更高的酒。古代波斯的酒，一般仅指葡萄酒。伊朗西南部的历史名城设拉子，曾是极负盛名的酿酒之地，当地所产葡萄所制的美酒曾畅销一时。伊利汗王朝在改宗伊斯兰教之前，喝酒是极为普遍的现象。当时酒馆和妓院生意红火，初入波斯的蒙古人非常享受葡萄酒带来的愉悦。

合赞汗宣布改宗伊斯兰教之后，情况发生了变化。在之后的突厥—蒙古王朝，饮酒不再如之前那般随意。但是，帖木儿本人显然对此毫无心理障碍。帖木儿酷爱饮酒，在征服事业告一段落后，他喜欢在撒马尔罕郊外的花园中筑起汗帐，宴请宾客，阵仗极其宏大。当时的察合台人仍过着游牧生活，终年居于帐幕之内。帖木儿的军队，无分冬夏，总是生活在草原之上。帖木儿率领大军各处迁徙，其余的皇族、侍从、后妃以及亲属等，也跟随其后，随行各处。帖木儿的宴会也在汗帐中举行。他的汗帐形势高巍，如同一座城堡。帐内的装饰也极尽豪华，地上铺有地毯，设有御座。帖木儿就坐在御座上和众人同乐。

帖木儿不仅自己非常享受豪饮的乐趣，而且鼓励他的宾客尽情尽兴。宾客饮酒却不醉，甚至被视为对他的不恭。按照察合台人的饮酒习惯，饮酒皆在饭前，饮用时颇为迅速，于是醉得也会很快。宴会上奉酒的侍者，都是跪在与会之人前举盏奉敬，宾客饮干之后，立刻再敬满。侍者一旦疲乏，则由其他侍者换班。每盏以一次饮毕为度，一次不能饮毕者，则侍者不再将酒添满。每位客人之前，有侍者二人服侍。凡参与宴会之人，不得拒而不饮；一干而尽者，则被赞为"巴哈杜尔"，即勇敢而有豪量之人。

兀鲁伯就是在这种氛围中成长的。他幼年时多次随帖木儿出征，过着奔袭征战、攻掠杀戮的军旅生活。帖木儿肯定十分喜欢这个孙子，否则不会让一个年幼的孩童一直陪伴他。兀鲁伯幼龄时承祖母萨雷·穆勒克鞠养教诲。萨雷·穆勒克哈敦出身非常高贵，是察合台汗国可汗合赞的女儿。在成为帖木儿的妻子之前，她曾是帖木儿的劲敌忽辛的妻子。当忽辛被帖木儿在巴里黑处死之后，萨雷·穆勒克再嫁给了帖木儿。这是中世纪游牧民族内普遍的现象。因为萨雷·穆勒克血统高贵，因此她成为帖木儿后宫最主要的妻子。据说，她是帖木儿最信任的人，在王朝的政治生活中扮演了极为重要的角色。当帖木儿外出时，她甚至可以代为行使君主的权力。作为一位高贵的蒙古公主，萨雷·穆勒克和她的丈夫一样，并不拒绝饮酒。

由帖木儿和萨雷·穆勒克抚养长大的兀鲁伯理所当然地酷爱美酒。饮酒对于兀鲁伯，并非仅仅是一种享乐，它还象征着兀鲁伯对突厥—蒙古传统的继承。在帖木儿时期的史料中，兀鲁伯一直是一位坚定的突厥—蒙古政治传统的捍卫者。他以恢复突厥—蒙古的荣光为己任，在精神上直接承接了帖木儿本人的遗产。据说，他曾写过一部关于蒙古的历史著作《四兀鲁思史》，内容即是讲述成吉思汗之后四大汗国的历史。尽管有历史学家并不认为他是此书的直接作者，但是将兀鲁伯和此书联系起来已经说明他本人的突厥—蒙古认同。

兀鲁伯面对的是帖木儿王朝内部不断激化的矛盾。帖木儿死后，他留下了一份庞大且复杂的政治遗产：一方是曾与帖木儿共同打下江山的突厥—蒙古军事贵族们，另一方则是伊斯兰宗教势力。前者对成吉思汗所制定的札撒和成吉思汗家族推崇备至，而后者显然要求君主成为伊斯兰沙里亚法的捍卫者。究竟是选择蒙古还是伊斯兰作为帝国的认同，不仅关乎宗教信仰，实际上更是一个极端重大的统治合法性问题。在成吉思汗的庞大帝国分裂之后，几乎每一任在中亚和波斯崛起的王朝都不得不面对这个令人头疼的问题。选择前者，意味着直接从成吉思汗遗留的政治遗产中获得统治的合法性；而选择后者，则意味着帝国不得不依赖来自多方宗教势力的支持。

如何在两股势力之间做到巧妙的平衡，同时令其皆为自己所用，是一个棘手的难题，非常考验君主的统治术。稍有不慎，则如玩火自焚。在这方面，帖木儿是一个极端的特例。他的策略是在伊斯兰宗教势力与突厥—蒙古游牧传统之间保持一种平衡，并进行调和，让伊斯兰教上层人士和察合台贵族都为他的统治服务。要做到这一点，统治者必须具有极高的个人魅力和凝聚力。帖木儿显然具备这种堪称神授的能力。

而帖木儿之子、兀鲁伯的父亲沙哈鲁则做了另一个选择。在历经多年的残酷夺位战争后，沙哈鲁清晰地意识到父亲的时代已经过去了。他无力再像帖木儿一般进行无休止的扩张战争，而这恰恰是察合台系的军事将领们需要的。只有不断的征服，才能带来足够进行分配的战利品：这是游牧世界的规则。沙哈鲁更愿意做一个虔诚的穆斯林苏丹。面对在帖木儿之后已经分裂的帝国，他宁可偏安赫拉特一隅。在他漫长的统治生涯里，沙哈鲁致力于振兴伊斯兰学术，兴建清真寺、经学院、图书馆、苏非派谢赫的陵墓，使赫拉特成为当时著名的伊斯兰学术文化中心之一。他定时前往清真寺礼拜，恪守伊斯兰教的教规，即使在旅行期间，也不忘守斋持戒。沙哈鲁1412年在致明朝永乐皇帝的国书中宣称："继伊利汗哥合赞、完者都和不赛因等皈依了伊斯兰教之后，帝国落到了我父皇至高无上的帖木儿皇帝手中了。……现在，我们的法庭即据此法（沙里亚法）而判决，采纳了伊

如今的赫拉特城，阿富汗

斯兰教律，我们放弃了成吉思汗的断事和军事法律（大札撒）。"这无疑是一条极其重要的政治宣言，意味着沙哈鲁选择断绝和蒙古传统的联系，完全依靠伊斯兰信仰获得统治的合法性。

对于远在赫拉特的父亲沙哈鲁的做法，兀鲁伯不以为然。波斯诗人哈菲兹的诗句，如同兀鲁伯的真实写照："放荡不羁有什么错，岂有罪孽可谈！我们是纯洁的放荡汉，与伪善者水火不相容……宁做一个饮酒者——心地高洁纯善；也不做一个禁欲者——胸怀虚诈欺骗。"兀鲁伯并不看重伊斯兰教法，对此他一直是一个叛逆者。当他在撒马尔罕独立掌权之后，即选择了一条和父亲截然不同的道路。这可能和他与父母较为疏远的关系有关。兀鲁伯是沙哈鲁和皇后高哈尔·沙德所生的第一个儿子，但是真正抚育兀鲁伯长大却是他的祖父母。在众多王孙中，帖木儿特别眷顾兀鲁伯。在兀鲁伯成亲的翌日，帖木儿便亲赴兀鲁伯住所探视。婚后，尚年幼的兀鲁伯仍由祖母呵护照料。正因为帖木儿夫妇和兀鲁伯之间的亲密关系，兀鲁伯似乎对他的父母感情并不浓烈。这或许也预示了兀鲁伯在日后和他的父母截然不同的宗教和政治态度。

有学者如是评论兀鲁伯的失败：由于伊斯兰教已经渗透进游牧社

会生活之中，伊斯兰教与蒙古游牧传统结合在一起已成中亚社会发展趋势，而兀鲁伯的一意孤行无异于以卵击石，败局早已定下。兀鲁伯面对的头号对手，并非和他抢夺王位的子侄们，而是当时权倾朝野的创立于 14 世纪的逊尼派纳格什班迪苏非教团。苏非派一直是中亚地区伊斯兰教信仰的重要组成部分，但纳格什班迪教团区别于一般苏非教团的独特之处，在于它的入世性，提出"修道于众，巡游于世"的原则，即提倡修行者不应囿于个人苦修，相反，应该广泛地参与社会生活，才能开阔自己的精神境界，这就为它之后广泛地参与王朝政治提供了理论基础。纳格什班迪教团自创立始，即受到中亚各个阶层的欢迎，但当时并未一枝独秀。到了第三任教长火者·阿赫拉尔领导之时，其势力才真正达到巅峰。从目不识丁的游牧者到满腹经纶的诗人学者，从地位低下的贫苦大众到权倾朝野的王孙贵族，纷纷成为这一教团的信众。

兀鲁伯和阿赫拉尔之间的关系无疑极为恶劣。作为宗教领袖，阿赫拉尔极其反对兀鲁伯的宗教态度，并反对他的行政措施。两人的性格都十分强硬，兀鲁伯急于宣示自己作为帖木儿继承者的权威，而阿赫拉尔的政治影响力实在太过强大，这对拒不服从的兀鲁伯而言，显然是极其危险的。阿赫拉尔需要的，只是一个唯命是从的苏丹。在这样的状况下，阿赫拉尔选择了帖木儿之子米兰沙的后人卜赛因，最终扶持其成为苏丹。而后者需要付出的代价，则是在其后的 40 年间听任阿赫拉尔成为帝国内部宗教乃至政治的独裁者，以凌空的姿态驾驭于苏丹之上。用巴托尔德的话说，15 世纪中期，"卜赛因的胜利同时标志着火者·阿赫拉尔的胜利"。

在坚持沙里亚法的伊斯兰教人士眼里，兀鲁伯无疑是一个暴君。来自宗教人士的敌视事实上在帖木儿本人执政时期已经存在，但由于帖木儿的个人权威，这种冲突尚未爆发出来。到了兀鲁伯统治时，宗教人士和君主的矛盾就公开激化了。在庆祝他的幼子阿不杜喇·阿即思行割礼时，兀鲁伯设宴延请宾客饮酒作乐。这在帖木儿统治时是再正常不过的庆祝活动。然而，就在兀鲁伯的宴会中，撒马尔罕的宗教监督官突然闯入，指责兀鲁伯说："你败坏了穆罕默德的信仰，你所行的是异教徒的习俗。"兀鲁伯抑制愤怒回答说："你因为圣裔的身份获得了声誉，但很显然，你还想让我把你杀了，成全你的殉道，因此说了如此粗鲁的话，但我不会遂你的心愿。"

有宗教人士预言，兀鲁伯将被他的儿子根据沙里亚法的判决被处死。这种愤怒的诅咒是对兀鲁伯发出的最后警告，这则预言对兀鲁伯不可避免地产生了压力。据说，他根据占星术得知自己将被他的儿子杀死，遂将其子阿不都·拉梯夫放逐。他对死亡的恐惧并非空穴来风，在撒马尔罕这个由他一手打造的都城中，他腹背受敌。他对宗教与科学的开放态度，早已经让伊斯兰教保守势力将他视为异端，而他的兄弟乃至亲子则觊觎其尚未坐稳的王座，也密谋对他下手。

在中亚，玉被认为可以探察毒药。突厥人相信，一旦杯中所盛之物被毒药沾染，玉杯将会碎裂。兀鲁伯很有可能希望用玉杯来避免潜在的暗杀。然而，这只玉杯最终并未达成它的使命。

五

最后的悲剧

对于兀鲁伯而言，天象、星座、哲思、诗歌、宴饮唱和才应该是他生活的中心。兀鲁伯天资聪颖，记忆力非凡，1448 年，兀鲁伯赴呼罗珊，在欢迎的人群中，立刻认出了其儿时的伙伴，并清晰地回忆起幼年嬉戏的轶事。他博学多识，从小在宫廷中受到良好的宗教和文化教育，通晓波斯文、阿拉伯文以及察合台语。当然，兀鲁伯最大的兴趣是研习天文学和算学。

为便于观察和研究天文现象，兀鲁伯于 1434 年在撒马尔罕东北郊的科希克山脚修建了一座观象台。这座天文台乃是伊斯兰世界最后一座重要的天文台。它装置有当时最先进的巨型象限仪等精密的天文仪器，收藏有天文历算等大量图书，招聘了一批当时最重要的天文学家在这里进行天文观测和研究。天文台上绘有九天星象、分秒度数、气候分野、海洋山岳之图。1908 年，俄国考古学家维雅特金在撒马尔罕发现此天文台遗迹，据称该天文台与君士坦丁

重建的兀鲁伯天文台，撒马尔罕，乌兹别克斯坦

堡的圣索菲亚大教堂一般高，证实了《巴布尔回忆录》中对这座建筑的描述。每当夜幕降临，兀鲁伯就站在大厅里，翘首望天。

15世纪晚期，帖木儿王朝的一位宫廷文人米尔·道拉特沙·撒马尔罕迪写了一本《诗人传记》，里面详述了帖木儿王朝每一位王公的文化成就，其中就有专门的一章献给兀鲁伯。在兀鲁伯的治下，文化和科学受到了前所未有的重视，文人的地位极高。他既是科学和艺术的赞助人与保护者，本人又是当时最伟大的科学家，在几何学和天文学领域达到了极高的成就。撒马尔罕迪写道："智者们一致认同，在伊斯兰教的历史上——甚至从亚历山大的时代直到今天——从来没有出现过另一个国王可以像兀鲁伯·曲烈干那样充满智慧和学识。"

与其说兀鲁伯厌弃宗教，不如说他天生热爱真理。他的性情使他和中亚的游牧传统天生地亲近。他并非不信仰伊斯兰教，而是以一种更为理性质朴的情感面对信仰。兀鲁伯谙熟伊斯兰教经典，对宗教充满了淳朴的情感。在他所赞助的大型建筑项目中，位于撒马尔罕的雷吉斯坦兀鲁伯经学院是其中重要的一项。这座现今以他的名字命名的经学院，当年是中亚地区最高的教育机构，为这一地区的文化发展做出了重要贡献。和他的父亲沙哈鲁在赫拉特建立的经学院只教授逊尼派伊斯兰教教法学、《古兰经》注释和《圣训》不同，兀鲁伯的经学院所开的课程包括各项科学领域，由他宫廷中的数学家、天文学家等集体授课。甚至兀鲁伯本人也是这座经学院的教授之一。试想，一位中世纪伊斯兰世界的君主亲自登上讲坛授课，讲授当时世界上最先进的天文学知识，实在是一件伟大的事业！

或许，经学院和他的天文台，本来就毫无矛盾。对于兀鲁伯而言，这是一个可以感知的世界——接近神的途径，除了虔诚的祷告，还有充满理性精神的观察和认知。然而，现实是残酷的。兀鲁伯最后的结局惨烈无比，令人唏嘘。1447年，沙哈鲁逝世，兀鲁伯立刻前往赫拉特，却遭到他的两个侄子前后夹击，只能暂时退回他的长子阿不都·拉梯夫管理的巴里黑一地。不料，逆子阿不都·拉梯夫在巴里黑叛变，囚禁了兀鲁伯。在兀鲁伯与阿不都·拉梯夫的斗争中，纳格什班迪苏非们无疑倒向了后者。兀鲁伯实际在位时间仅两年八个月，在他58岁那年，便被他的儿子下令杀害，身首异处。巴布尔在回忆录中如此评价这一惨烈的事件："他（阿不都·拉梯夫）为了转瞬即逝的尘世荣光而弑父，使这样一位年高德劭的学者成了殉教者。"

在弑父之后，阿不都·拉梯夫这个不肖之子仅仅统治了不到六个月的时间。他脾气暴躁，又好猜忌，很快就招致了灭顶之灾。1450年5月9日，兀鲁伯手下的侍从们在撒马尔罕城外用箭将其射死，并将其首级悬挂在兀鲁伯经学院的入口。兀鲁伯的侍从们用同样血腥的方式为他们的主人报了仇。在兀鲁伯身上，我们常常可以领悟到造化弄人的无奈。假如兀鲁伯并未登上君主的宝座，而仅仅是一个普通的王孙，如他的弟弟白松虎儿那样，可以尽情地追逐自己的兴趣，全身心地投入他最爱的天文学，他的人生结果或许会截然不同。今天，兀鲁伯的天文台只剩下大理石制成的巨大的六分仪，孤零零地斜插在11米深的地下。据说，用它测出的一年时间与现代科学计算出的差别极小。

重修后的兀鲁伯经学院，撒马尔罕，乌兹别克斯坦

兀鲁伯遇害后，他的天文台被夷为平地，台中的贵重仪器或被焚毁，或遭劫掠。庆幸的是，在天文台工作的一位天文学家设法逃至当时的奥斯曼帝国，并把兀鲁伯主持编撰的星象表也带到了土耳其

宫廷中，随后又传入欧洲。1665 年，一本名为《兀鲁伯天文表》的专著在英国牛津被翻译成拉丁文，牛顿等欧洲学者惊异地发现他们的这位来自撒马尔罕的同行——兀鲁伯，填补了从古希腊天文学家伊巴谷到第谷之间的空白。1830 年，德国天文学家约翰·海因里希·冯·梅德勒以兀鲁伯的名字命名了月球风暴洋西部的一座环形山。如此，本文开头即提到的玉杯上的名字，再次被"镌刻"在了宇宙天体上。

至于兀鲁伯手中含义繁复的玉杯，即使在帖木儿帝国分崩离析之后，依然以别样的方式存在于其后的王朝中。帖木儿时期的玉杯，稍晚后成为印度的突厥系王朝——莫卧儿帝国君主们最渴望拥有的无上宝器。对于莫卧儿君主而言，来自中亚的玉器，是他们追溯族源与王权的象征物。通过收藏与把玩来自撒马尔罕或赫拉特的玉器，他们将自己与帖木儿王朝联系了起来。莫卧儿君主们将兀鲁伯时代开创的制玉传统延续下来，并在之后开创了另一种令人目眩的艺术风格，作为对帖木儿突厥先辈的致敬。

第三章

瓷 厅

瓷，是古代波斯对中国最极致的向往之一。穿越漫长的沙漠陆路或汪洋海路，来自中国的瓷器在伊朗、中亚和北印度的各个穆斯林宫廷中，都是最受追捧的奢侈品。帖木儿、萨法维和莫卧儿朝的君主和权贵们使用瓷器，更收藏瓷器，更令人惊奇的是，他们甚至建起了瓷之宫殿——瓷厅。瓷厅以瓷得名，因瓷而建，又以其独特的建筑美学令陈设其中的中国瓷器更显非凡。从中亚的撒马尔罕，到印度的阿格拉，再到伊朗的阿尔达比尔，数座精美无比的瓷厅在，成为当时流行于波斯世界的"中国风"的最佳代表。瓷之厅，厅中瓷，交相辉映，固然美不胜收，但赋予瓷厅灵魂的，永远是建筑背后的传奇历史。

咱喜鲁丁·穆罕默德·巴布尔是 14 世纪中亚及波斯著名的征服者帖木儿的后裔。16 世纪初，帖木儿王朝被乌兹别克人的昔班尼王朝所灭。1497 年 11 月底，在费尔干纳寒冷的空气中，身为帖木儿后裔的巴布尔夺回了撒马尔罕城。在他的回忆录中，巴布尔用充满深情的笔调描述了这座他心目中如金子一般美好的城市，从宜人的气候、甜美的水果，到令人神往的城堡、花园和清真寺。其中，他第一次提到了一处别具一格的建筑，称之为"瓷厅"：

> 兀鲁伯在科希克山麓的西面辟有一个花园，称为广场花园。在这花园的中央，他建了一所两层的高大建筑物，称为四十柱宫。其柱子全都是石头的。四角的塔楼，形状如宣礼塔。这四个塔楼各有梯子可通。在其他地方，到处都有石柱；有的呈螺旋形，有的呈多面形。……在这个建筑物的旁边，科希克山麓，兀鲁伯·米儿咱还辟了一个小花园。他在那里建了一个大厅，其中设了一个石头造的巨大王座……在这个公园里也有一个亭子，称为支那厅（瓷厅），因其前面矮墙的下部都为瓷砖所铺砌。这些砌砖是他派人去中国采办来的。

巴布尔的这段回忆，是历史上对瓷厅这种建筑的最早记载。文中还留有巴布尔对举世闻名的兀鲁伯天文台的描述。天文台建在撒马尔罕北面的科希克山麓，大概离瓷厅并不遥远。时隔六百多年后，我们尚有幸一观天文台的面貌，却已经无缘目睹瓷厅的风采。岁月悠悠，这座建筑早

一 兀鲁伯的瓷厅

已不复存在，唯留下些许颓垣残瓦，供人凭吊。可以肯定的是，这座由兀鲁伯精心打造的瓷厅想来充满了独特的魅力，否则不会给他的后人巴布尔留下如此深刻的印象，以至于巴布尔日后在印度仍然对它念念不忘。

按照巴布尔的描述，这座建筑之所以称为"支那厅"，是因为建筑的墙面由中国出产的瓷砖铺砌而成。在波斯语中，支那厅即 chini-khane，拆而解之，khane 意为家，chini 则译作中国，也可译为瓷，可见兀鲁伯的命名一语双关，颇为巧妙，既点出了所用瓷砖原产中国，更为这座建筑增添了浓郁的中国风情。1941 年，考古学家在撒马尔罕原瓷厅的遗址附近发掘出了大量青花白底的六角形瓷砖，证实巴布尔所言非虚，瓷厅所用的瓷砖的确来自中国。

所谓的"瓷砖"，即中国匠人们常说的"琉璃瓦"。琉璃瓦的生产工艺算不上复杂，由陶土塑制成型，表面施釉于高温下烧结而成，并不属于真正的瓷器，盖其烧造温度一般低于 2000 度。之所谓以"琉璃"名之，主要是因为其彩釉表面晶亮，富有光泽，看似琉璃。琉璃瓦自古以来一直应用在中国的各类建筑上。到了元代，琉璃瓦在寺庙、宫殿等建筑上得了了较为普遍的应用，琉璃工艺已臻成熟。据《元史》记载，修建元大都之时，琉璃瓦需求量大，单靠从外地运输已经供不应求。于是，至元十三年（1276）建大都四窑厂，其一就是琉璃窑，隶属于当时的少府监，可见元代宫廷琉璃瓦已经是出自皇家的御用窑口。元代建筑琉璃在色彩上以黄、绿、白、黑为基本色调，绿色多为青绿（或称瓜皮绿），黄为淡黄，色彩朴素典雅。

同是在蒙古时期，波斯历史上第一个瓷砖制造中心也在伊朗中部的城市卡尚形成。这一时期的瓷砖多六角星形，以人物、动物、几何图案居多，被大量地用于宫殿和宗教性建筑的装饰。最著名的例子是伊利汗苏丹阿巴哈 1270 年建于大不理士附近的宫殿苏莱曼宫。考

贝赫拉姆和他的竖琴手，伊利汗时期狩猎主题的彩绘瓷砖，原属苏莱曼宫，现藏英国伦敦维多利亚·阿尔伯特博物馆

古发现，大量的彩绘瓷砖的边沿都附有各种不同的铭文，或为古兰经文，或为和什叶派教义有关的章句。更有趣的是，伊朗史诗《列王纪》的诗句甚至情节，也同为伊利汗彩绘瓷砖设计的灵感之源。一块现存于维多利亚·阿尔伯特博物馆的瓷砖，即得自于苏莱曼宫。瓷砖上的图像描绘的是萨珊王朝历史上第十四位皇帝贝赫拉姆射猎的场景，与他同在骆驼上的是竖琴手阿扎达。可见，彩绘瓷砖在伊利汗时期已经成为宣示王权和宗教立场的艺术工具。

到了15世纪的帖木儿帝国，波斯和中亚的工匠们早已习惯用各色琉璃瓦装饰建筑物的表面。1403年来到撒马尔罕的西班牙使者克拉维约就观察到了帖木儿行宫所用的琉璃瓷砖，为今人想象帖木儿时期的建筑艺术留下了珍贵的记录：

> 宫门高大，入内则见两旁庑廊皆镶嵌金碧色之琉璃，两边各有客厅一所，满地皆铺以蓝色瓷砖……宫门两厢壁上亦镶有金碧色琉璃，迎门壁上，绘有太阳及狮子图案；同时在其他各墙壁或栏杆之上亦绘有同样之图画或徽式。……进入第二道宫门后，迎面为一座四方形大殿，此殿系专为延见臣属及使者之处。殿内四壁镶嵌金碧色琉璃，天花板上装点有金星……屋顶皆覆有耀目之琉璃瓦。

从克拉维约的记录中，我们可以发现，和伊利汗时期相比，帖木儿建筑所用的彩绘瓷砖不仅规模更加庞大，而且，瓷砖的花样也越加多变。最重要的一个变化，在于其被大规模地使用于室内装饰，创造了一种绚烂夺目的视觉效果。今天流散于世界各大博物馆的帖木儿釉下彩瓷砖不仅

比比哈努姆清真寺一角，帖木儿时期，撒马尔罕，今乌兹别克斯坦

数量惊人，而且其风格高度统一，具有很强的辨识度。

位于撒马尔罕的比比哈努姆清真寺是由帖木儿本人在征服印度之后下令建造的，从建筑材料到工艺，都达到了当时的最高水准，充分体现了帖木儿在建筑上的雄心勃勃。比比哈努姆清真寺规模庞大，通体以金碧色琉璃瓦镶嵌而成的马赛克装饰而成，色调十分和谐。尤其是其天青色的巨大圆顶更是赏心悦目，令人见而忘俗，可见当时的中亚工匠使用琉璃瓦的技艺已经十分高超。有趣的是，既然如此，兀鲁伯何必大费周章，专门从中国采办琉璃瓦来建造他的瓷厅呢？为何巴布尔在数十年之后仍在他的回忆录中专门指出这些瓷砖的来历呢？

瓷砖之所以值得大书一笔，正因其来自中国。明永乐年间，沙哈鲁派遣到明朝访问的庞大使团中有一位名叫盖耶速丁的画家，他用画家的敏感和细腻记录了旅途中的所见所闻。在经过肃州的时候，他注意到中国特有的亭子："（肃州）市场中有很多广场，而在每个广场边上，有用极精美的竹竿搭成的亭子。亭子盖着中国式圆锥形的木尖顶……中国人大都使用上釉的瓷瓦。"最珍贵的是，盖耶速丁就还记录了中国宫殿中的瓷砖装饰，他写道：

（宫殿内）是亘绵不绝的殿室、亭阁和花园。它的整个地板是用大块光滑瓷板铺成的，其色泽极似白大理石。它的面积长宽为二百或三百腕尺。地板瓷砖的接头丝毫不显偏斜弯曲，致使人们以为它是用笔画出来的。石块镶有中国的龙和凤，光泽如玉石，使人惊叹。论石工、木工、装饰、绘画和瓦工的手艺，所有这些地方（即波斯）没有人能与他们（即中国人）相比。

盖耶速丁的描述无疑是真实的。他来到中国的时间正是永乐年间。此时景德镇御窑厂制作的官窑品质量高超，出品中就包括精美的瓷砖。明初熔块釉（或称法华）的广泛使用，提高了琉璃瓦的质量。这一时期的釉色已经从黄、青绿等数种发展到黑、桃红、翡翠绿、孔雀蓝、葡萄紫、赫黄、象牙白等十多种，艺术效果十分强烈。明代的琉璃瓦种类也十分丰富，主要有板瓦、筒瓦、勾头、滴水等瓦件，以及小兽、鸱吻、垂兽、仙人等琉璃饰件。每类构件又因为其使用位置的不同而有所区别。明代初年，燕王朱棣通过靖难之役从侄子建文帝手中夺取了政权。为了向天下人显示他的法统地位，前后用了16年时间，在当时的首都南京建成了规模宏大的报恩寺，以纪念自己的生身父母，也就是太祖皇帝朱元璋和马皇后。寺中有一座九层八面白琉璃宝塔，其高度达78米，相当于今天的25～26层楼房的高度。塔

用出土琉璃构件恢复的塔门，大报恩寺，南京

内地面铺设了 2～3 厘米厚的青花地砖，成本浩大，极为奢华。尽管大报恩寺塔已毁于太平天国战争，但是今天出土的残部件仍可让人联想到当年这座寺塔的金碧辉煌。

盖耶速丁等人的描述对兀鲁伯肯定充满着巨大的诱惑力。兀鲁伯是一位不折不扣的"中国迷"，他对中国的了解之深入，恐怕是别的帖木儿王孙难以企及的。在他父亲沙哈鲁称王时，兀鲁伯就曾单独派遣使者来华。巴布尔告诉我们，兀鲁伯的瓷厅是一座建筑在花园中的亭子。在中国，亭子是用于点缀景观的一种园林小品，一般有顶无墙，恰与四周景物融为一体。兀鲁伯所建的，很有可能是这样一个中国式样的亭子。《明实录》中多次提到以兀鲁伯名义来华的使臣，他们肯定曾向他提到过这种风格独特的中国建筑。

兀鲁伯似乎对中国的各种建筑形式都怀抱浓厚的兴趣。虽然他并未到过中国，但通过使者们提供的信息，他非常乐于进行各种尝试。巴布尔在回忆录中就提到了兀鲁伯的另一座建筑，即"雕刻的清真寺"。之所以称作"雕刻的"，是因为它的圆顶和墙壁都覆以黑石，并用由石块组成的中国画装饰起来。这样的建筑似乎并不见于中国，纯属兀鲁伯的个人创作。因此，将采办自中国的瓷砖用于装饰一座中国风格的亭子，似乎是他理所当然的一个决定。尽管无法完全复制一座"中国宫殿"，但兀鲁伯显然采用其中的建筑元素，打造了一处专属于他自己的中国式风景。

二／千里迢迢瓷之路

兀鲁伯的品位并不是个例。在中世纪的伊斯兰世界，一切来自中国的东西都意味着无上的奢华和极致的文雅。西班牙人克拉维约目睹了 15 世纪的撒马尔罕人对中国商品的狂热。来自中国的丝绸、麝香和瓷器无不令人迷醉。帖木儿本人更是深谙奢华之道，其日用餐具皆为中国瓷器：

> 内侍排起宴席，所列馔食……分盛在带柄的巨盘中。帖木儿每吃一道菜后，其面前之菜盘，立刻撤下，另有新菜盘端上。唯菜盘既巨大，而所盛之菜食又丰富，所以使者抬举不动，往往就桌面上推过来。帖木儿所吃之肉食，皆由内侍在旁切割，侍者跪在巨盘之前，持刀将肉食切碎。

帖木儿不是第一个使用中国瓷器作为餐具的穆斯林君主。中世纪时，从埃及的马木留克王朝到印度的德里苏丹国，几乎所有穆斯林权贵们的理想餐具都是中国瓷器。这样的风潮并非仅仅关乎奢华或时髦，而是在比较了各种材质的餐具之后得出的明智选择。

波斯旅行家赛义德·阿里·阿克巴尔曾于 16 世纪初游历中国，用波斯语写成《中国纪行》一书，全面介绍了当时中国社会各方面的状况。阿里·阿克巴尔对中国瓷器十分推崇，在其《中国纪行》中不仅介绍了瓷器的制造技术，并且指出了瓷器作为餐具的优越之处："瓷器有三大特点，除玉石以外，其他物质都不具备这些特点：一是把任何物质倒入瓷器中时，混浊的部分就沉到底部，上面部分得到澄清。二是它不会用旧。三是它不留下划痕，除用金刚石才能划它。用瓷器吃饭喝水可以增进食欲。不论瓷器多厚，在灯火或阳光下都可以从里面看到外部的彩绘（或瓷器的暗花）。"这样兼具实用和审美功能的器用，得到青睐是理所当然的事情。

可是，想要获得一套中国瓷器，在中世纪无疑是极为艰难的。从中国到撒马尔罕路途遥远，商旅们需要花费极大的心力才能将易碎的瓷器运抵目的地，其数量应该颇为有限。正因如此，中国瓷器才能成为宫廷显贵们乐于炫耀的奢侈品，甚至成为各国之间流通的外交礼物。在同时期宴饮题材的细密画中，瓷器往往是重要的点缀。波斯细密画的色调多富丽华贵，一抹青白花色，如同一缕轻柔的呼吸，再浓重的宫廷氛围都变得淡雅起来。

在一幅创作于帖木儿身后的《武功记》插图中，随从侍者们或立或跪，乐师们轻奏管弦，而帖木儿则端坐在地毯上。在稍远处的溪流边的案几上，摆放着青花瓷的酒瓶，一位侍者似正端着杯子要过去为帖木儿斟酒。有趣的是，这幅画描绘的是 1398 年帖木儿远征印度之后的场景。从印度归来的帖木儿，被画师描绘成一位悠闲的王孙，从容

帖木儿使用的青花瓷器皿，《武功记》手抄本插图，1463 年，赫拉特，今阿富汗

地注视着眼前的一切。没有喧嚣，没有厮杀，只有享用不尽的美酒美器，的确令人心情畅快。

帖木儿王朝的工匠并非不会制造瓷器。永乐年间到过帖木儿帝国的陈诚著《西域番国志》时，就提到：“（帖木儿工匠）造瓷器尤精，描以花草，施以五采，规制甚佳，但不及中国轻清洁莹，击之无声，盖其土性如此。”陈诚祖籍江西临川，和景德镇并不遥远，所以很有可能他对瓷器制造的流程和工艺颇有了解，一眼便看出帖木儿瓷器不及中国瓷的原因在于其“土性”不佳。景德镇瓷器质量出众，是因为其得天独厚的黏土原料——高岭土。高岭土来源于景德镇东郊的高岭山，质地洁白细腻，是制作瓷坯不可缺少的原料。而在帖木儿时期，伊朗和中亚所用的瓷泥较为粗糙，所含杂质亦多，自然出品难以和中国瓷器媲美，也就难怪帖木儿宫廷的权贵们会对中国瓷器情有独钟了。

在帖木儿王朝存在的130多年间，与明朝的交往极为频繁。从帖木儿王朝来华的使者不少于78次，平均不到两年就有一次。而明朝访问帖木儿王朝的使团次数至少也有20多次。在如此密集的互访中，瓷器一直是中国赐予帖木儿王朝的重要礼物之一。永乐十七年五月，明朝赐给失刺思（今译设拉子）王亦不刺金的物品中，就有瓷器。《回回馆译语》甚至收录有帖木儿王朝使者求讨瓷器的来文：“撒马儿罕地面奴婢塔主丁皇帝前奏，今照旧例，赴金门下叩头，进贡玉石五十斤，小刀五把，望乞收受，朝廷前求讨织金缎子磁碗磁盘等物，望乞恩赐，奏得圣旨知道。”得知帖木儿宫廷对中国瓷器如此孜孜以求，一心希望与帖木儿王朝和睦相处的明廷自会尽量满足。

在一部为王子白松虎儿制作的诗集手抄本中，画家在卷首插图中描绘了帖木儿宫廷中的一次宴会。场面十分宏大，参与的人数甚众。

帖木儿宫廷使用的青花瓷器皿，《列王纪》手抄本插图，15世纪中期，设拉子（Shiraz），现藏美国克利夫兰艺术博物馆

帖木儿时期的画家们早已经对此类题材驾轻就熟，一切都符合规制，水到渠成即可。依然是歌舞伎乐，觥筹交错，与一般同题材绘画别无二致。但仔细观察，就会发现一个非常有趣的细节。在画面左页的上方，坐着三位中国人。三人戴乌纱帽，着团领衫、束带，应是明朝从中国派到帖木儿帝国的使臣无疑。画上的场景是否是一次真实的历史事件，如今已经无法考证。但是，画上对三位中国使者的描绘无疑非常有趣。

首先，从对人物冠服的准确描绘可以看出，帖木儿宫廷画家对明朝官员的常服非常了解。这当然是得益于两国之间频繁的外交往来。可以肯定的是，帖木儿画家们是亲眼见过中国使臣模样的。

一个极端的例子就是中外史籍记录的洪武年间到达中亚的第一个中国使团。这个使团由傅安带领，与给事中郭骥、御史姚臣、中官刘惟等携带玺书金币，率领将士1500人的庞大使团抵达撒马尔罕。这时，帖木儿刚获西征初胜，对于明朝的态度也为之一变。傅安使团恰逢帖木儿凯旋之际到达撒马尔罕，帖木儿"骄倨不顺命"，反而威逼傅安等投降。傅安等不为所动，结果帖木儿恼羞成怒，"竟留不遣"，无礼地扣留了明朝的友好使团。直到永乐五年（1407）才送傅安回国。明代陈继儒《见闻录》中云："初安之使西域也，方壮龄，比归，须眉尽白，同行御史姚臣、太监刘惟俱物故，官军千五百人，而生还者十有七人而已。"

如此惨痛的经历当然不是出使波斯中国使臣的共同遭遇。总体而言，帖木儿帝国和明朝之间的关系十分友好。尤其是自帖木儿本人去世之后，他的后人就已经彻底断了征服中国的野心，对中国的事物唯有向往和崇拜。

在白松虎儿的《列王纪》抄本插图上，画家描绘了大量青花瓷，集中展示了帖木儿宫廷使用中国瓷器的情况。画面上，有侍者或抬着桌子，桌上放着供饮酒之用的酒杯、酒盏；或端着托盘，盘中则是一个体积颇大的青花瓷盘，可能是盛放饭食的器皿；更可见到许许多多细颈圆腹的玉壶春瓶。

玉壶春瓶在宋代是一种装酒的实用器具，后来逐渐演变为观赏性的陈设瓷，但是在帖木儿宫廷，王孙们可毫不介意这些，依然将其视为最实用又美观的酒器。从留存至今的帖木儿绘画看，玉壶春瓶是帖木儿人最喜欢的器形之一，以青花品种最为常见，主题纹饰常常以云龙、梅、兰、花鸟、缠枝莲等为主要装饰图案，十分美丽。在这幅画中，中国使臣和中国瓷器同时出现，两相映照，画家或许是在用这种方法暗示：这些可是进口的正宗中国瓷器！

如此庞大的需求量，势必引得众多商贩竞相投入瓷器贸易中去。明人沈德符曾见过一种运输方法，并在其《万历野获编》记载下来。他说：

　　余于京师，见北馆伴（当）馆夫装车，其高至三丈余。皆鞑靼、女真诸虏，及天方诸国贡夷归装所载。他物不论，即瓷器一项，多至数十车。予初怪其轻脆，何以陆行万里。既细叩之，则初买时，每一器内纳少土，及豆麦少许。叠数十个，辄牢缚成一片。置之湿地，频洒以水。久之则豆麦生芽，缠绕胶固。试投之荦确之地，不损破者，始以登车。临装驾时，又从车上掷下数番，其坚韧如故者，始载以往。其价比常加十倍。盖馆夫创为此法。无所承受。

输往帖木儿朝的中国瓷器想必也是使用此法。

三

收藏中国

一个有趣的问题是这些波斯或波斯化的穆斯林宫廷以如此大的阵仗收藏中国瓷器的动机。蒙元以降，中国瓷器已经与穆斯林宫廷紧密地联系在一起。奥斯曼土耳其帝国的宫廷档案讲述了一个关于瓷器的有趣故事。在一份1486年巴耶济德二世苏丹的财产账上，还没有提到中国瓷器。1495年，伊斯坦布尔的宫廷目录上列出了5件中国瓷器。1501年，数字增长到了11件，其中包括5件碗和1个盘子。到了1505年，巴耶济德二世苏丹去世一年后，奥斯曼宫廷已经收藏有21件中国瓷器，至1514年又增加到62件，这是萨利姆一世苏丹在卡尔迪伦击败萨法维波斯，洗劫了当时的波斯首都大不里士后带回来的。萨利姆一世的继承者苏莱曼一世在位时，瓷器收藏的数字平稳增长。

这也和奥斯曼宫廷信仰伊斯兰教有关。伊斯兰教教义禁止信众使用金银器皿作为日常用具。穆斯林的《圣训》中就记载了先知穆罕默德的教训："用金银器皿来吃喝的人，他只是把火狱的火咕噜噜地吞进自己的肚腹。"奥斯曼苏丹们一直致力将自己塑造为正统伊斯兰信仰的保卫者，自然不愿自己的生活方式公然违背先知的教训，于是选择了当时同样贵重的瓷器作为金银的替代品。如此，既符合伊斯兰教教义，又不妨碍苏丹们彰显自己的财富。苏莱曼一世在晚年，甚至下令熔化了原有的金属餐具，而专用陶瓷器皿，作为他恪守伊斯兰教义的证明。

在伊斯兰世界，中国瓷器的收藏甚至一直和政治乃至战乱联系在一起。今天收藏在美国洛杉矶县立艺术博物馆的一只明代青花瓷盘背后就有一段既充满魅力又不乏血腥的故事。这只青花盘体积颇大，极有可能是帖木儿时期从中国送至波斯。1506年帖木儿帝国在伊朗和中亚覆灭，这只盘子又落入了继承帖木儿王朝伊朗领土的萨法维王朝手中。

玛因·巴奴瓷盘底部及铭文（waqf-i...razavi' abduhu mahin banu safavi），15世纪早期，现藏美国洛杉矶县立博物馆

如今，在这只盘子底部写着一条最早的铭文"献给里扎的陵墓，玛因·巴奴，萨法维（公主）"，说明它曾是萨法维公主玛因·巴奴献给阿里·里扎圣墓的礼品。阿里·里扎是什叶派历史上第八代伊玛目，关于他的死因有多种不同的说法。9世纪初，阿拔斯王朝内部什叶派势力大兴，对统治者构成了巨大的挑战。为了赢得什叶派信徒的支持，哈里发马蒙提名第八代什叶派伊玛目阿里·里扎为他的继任者。但是，随着伊玛目阿里·里扎的声望越发显著，马蒙意识到事态的不可控制，于是在伊玛目阿里·里扎由麦地那迁居伊朗东北部城市突斯的途中，马蒙将其毒死。伊玛目阿里·里扎死后被葬于距突斯约20公里的一小村庄。该村遂以"马什哈德"（意为里扎殉难处）闻名，成为伊朗什叶派圣地之一。后在该地辟一公墓区，什叶派信徒以死后得葬于此为莫大的荣幸。历代波斯君主都关注该地的发展与陵墓的修缮，参谒者络绎不绝。在萨法维王朝，它的地位之高甚至堪与伊斯兰教的圣地麦加相比。

萨法维公主玛因·巴奴，也被称为苏丹奴公主，是萨法维王朝第二代君主塔赫玛斯普的姐姐，也是日后赫赫有名的阿拔斯一世的祖姑母。在塔赫玛斯普执政时期，苏丹奴公主在宫廷中享有至高无上的地位。她受过当时最好的教育，写得一手漂亮的书法，今天在土耳其托普卡匹宫博物馆依然收藏着她的真迹。她是宫廷中唯一有资格陪伴塔赫玛斯普骑马出猎的女性，甚至曾坐在马背上陪同塔赫玛斯普参观宫廷典礼，而其他的宫廷女性只能坐在轿子里远远观看。可想而知其财富和权威有多么巨大！

公主一生未婚，关于她的感情世界，疑团重重，传说她曾和一位莫卧儿至萨法维宫廷的使者相恋，最终因塔赫玛斯普阻止而未果。当她决定孤独一生的时候，她将其拥有的巨大财富分批捐献给了当时最重要的几个宗教圣地。史官卡孜·艾哈迈德·库米曾记录公主将她的珠宝和中国瓷器一同捐献给了阿里·里扎的圣墓。

有意思的是，在这只盘子的圈足上，另有一行更清晰也更晚近的纳斯塔里克字体铭文，写道："沙贾汗，贾汗吉尔之子，1053"。此处的1053，用的是伊斯兰历的纪年，相当于公元1644年。这说明，在这一年，即莫卧儿第五代皇帝沙贾汗登基16年后，这只曾属于阿里·里扎圣墓的珍贵宝盘又落入了沙贾汗手中。

沙贾汗就是举世闻名的泰姬陵的建造者，这位历史上赫赫有名的"罗曼史"男主角，更以奢华的生活方式闻名。沙贾汗在莫卧儿历史上的形象很像中国清朝的皇帝乾隆，两人不仅生活的时代接近，而且都对美和奢华有一种与生俱来的渴求。一个有趣的问题是：这只盘子是如何从伊朗东北部呼罗珊的首府马什哈德流落到莫卧儿印度的？

这里牵扯到的故事，就不复罗曼史的浪漫绮丽了。相反，它事关一个王朝的耻辱和衰落。1562年，苏丹奴公主去世，就在这一年，马什哈德所在的呼罗珊省被乌兹别克人攻占。1644年，又被沙贾汗的莫卧儿军队占领。1590年，乌兹别克王子阿不杜·莫曼以雷霆之势占领了马什哈德，屠杀了所有抵抗的萨法维红帽士兵，甚至连阿里·里扎圣墓的人员都不放过。此后，又将圣墓内收藏的大量财产劫掠一空：金银器、宝石镶嵌的灯、珍贵的《古兰经》抄本以及大量中国瓷器，并以低廉的价格将这些财宝贱卖。其中的中国瓷器最终被乌兹别克人带到中亚老家，曾经属于苏丹奴公主收藏的这只中国瓷盘应该就在其中。后来，它又从中亚流落到了沙贾汗手中，成为他财富和武功的象征。

其实，到了莫卧儿帝国第四位皇帝，沙贾汗之父贾汗吉尔即位的时候，这种对中国瓷器的渴望就已经非常热切了。与其说贾汉吉尔是一位皇帝，倒不如说他是一位品位极佳的艺术赞助人和收藏家。在他治下，莫卧儿的宫廷文化充满细腻、精致、优雅的情调。尤其有趣的是，贾汗吉尔对中国瓷器的勃勃兴致和他的前人们稍有不同。从他遗下的藏品来看，贾汗吉尔的收藏并不限于他的时代，相反，他对前代穆斯林王朝收藏的中国古瓷的兴趣格外浓厚。

托马斯·罗伊曾在 1615 年被英王詹姆士一世派往印度任英国驻莫卧儿印度使节，因此这位英国人成为最早目睹莫卧儿宫廷生活的欧洲人之一。根据他的记录，印度南部比贾布尔的首领有一次向贾汗吉尔进贡了大量珍宝，其中最受这位皇帝青睐的就是来自中国的瓷器，可见贾汗吉尔的瓷器可能大都来自海路。

莫卧儿时期，帝国西北的城市喀布尔是陆上丝绸之路的重镇，连接着从中亚到印度的商贸往来；而毗邻阿拉伯海的苏拉特则是印度最重要的海路港口，大量来自中国的奢侈品正是通过这两个城市抵达莫卧儿帝国的中心，并最终成为皇帝们的收藏。根据贾汗吉尔的回忆录，在 1612 年，他新近从喀布尔得到了一批"来自中国的瓷器……以及其他珍贵的礼物"。从考古发现以及留存于世的藏品看，伊斯兰世界收藏的中国外销瓷中不乏品质一流者，且数量不小。

同时，随着收藏规模的扩大，中国瓷器也潜移默化地影响着莫卧儿宫廷，成为王公显贵们炫耀财富和权力的最佳代言。虽然易碎的瓷器本不适于这种需要长途迁移的生活方式，但莫卧儿皇帝们并没有打

贾汗吉尔和努尔贾汉，1620年，印度阿格拉，现藏柏林伊斯兰艺术博物馆

算因此放弃享用瓷器。巴布尔在他的回忆录中就记载了他在戎马倥偬中，利用驼马背负宫廷厨房的瓷器，一次次侥幸保全这些珍贵器物的经历。

和他们的前辈帖木儿人一样，莫卧儿宫廷画师们也热衷于描绘青花瓷。在一幅1620年完成的细密画中，贾汗吉尔和他的波斯皇后努尔·贾汉坐在华丽的地毯上，一只玲珑的青花扁壶就成为装点宫廷生活的道具。

正是在这样的背景下，一种另一类型的瓷厅应运而生。如果说上文所谈到的兀鲁伯的瓷厅还仅仅是一个用中国瓷砖装点的亭子，那么到了莫卧儿全盛时期，瓷厅就已经成了一处真正用于收藏、摆置、展示甚至炫耀瓷器的独特建筑。它的外观或许并不独特，内里却大有乾坤，结构精致复杂，令人目眩神迷。在莫卧儿第三位皇帝阿克巴大帝治下，首都阿格拉皇宫的瓷厅就已经达到登峰造极的程度。宫廷史书《阿克巴本纪》记录了阿克巴在1562年亲自接见从萨法维王朝来到莫卧儿宫廷的波斯使者赛义德·伯克的场景。赛义德·伯克从波斯萨法维王朝的都城加兹温来到阿格拉，代表当时萨法维的君主塔赫玛斯普一世面见阿克巴。此时，阿克巴虽已登上皇位七年，然年仅二十岁，接见来自萨法维的使者无疑是这位少年皇帝早期外交生涯中的一件大事。《阿克巴本纪》的作者用双页插图忠实地记录下了这次外交会面，足以说明这次接见对阿克巴本人的重要意义。

画面的左页描绘赛义德·伯克的随行人员以及塔赫玛斯普一世送给阿克巴的礼物，右页则是阿克巴接见赛义德·伯克的场景。会面的地点就是阿克巴的瓷厅。年轻的阿克巴坐在宝座之上，面对着来自强邻波斯的使者，内心感受可能五味杂陈。赛义德·伯克是代表塔赫玛

阿克巴在瓷厅接见萨法维使者赛义德·伯克,《阿克巴本纪》手抄本插图,印度阿格拉,现藏英国维多利亚·阿尔伯特博物馆

斯普一世来到印度祝贺阿克巴的登基,并悼念阿克巴的父亲胡马雍的离世。

　　胡马雍,莫卧儿历史上第二位皇帝,曾和塔赫玛斯普一世有着深厚的渊源。1540 年,胡马雍在阿富汗人发动叛乱后,落魄逃至萨法维宫廷避难。塔赫玛斯普热情地接待了这位莫卧儿的流亡国君,不仅同意让胡马雍避难,而且答应提供军队,以帮助他重新夺回王位。但是,作为交换,塔赫玛斯普要求胡马雍接受三个条件:其一,改宗萨法维的国教什叶派;其二,赠出价值连城的钻石,即为胡马雍在迎接其父巴布尔进入德里时献给父王的礼物,也就是现在英国女王皇冠上最大的那颗钻石;其三,割让此时已为胡马雍的兄弟卡姆朗控制的城市坎大哈。

这三项条件几乎每一条都正中胡马雍的要害。对于莫卧儿人而言，坎大哈是印度通往波斯的门户，是重要的商贸甚至军事重镇，放弃坎大哈，意味着一旦发生变故，萨法维军队将可长驱直入莫卧儿的帝国中心；而改宗什叶派，则意味着莫卧儿从此成为萨法维王朝的附庸，在名义上将丧失其独立性。然而，形势紧迫，胡马雍只能接受条件，暂时臣服于塔赫玛斯普，却也为日后莫卧儿和萨法维的关系投下了阴影。

1545 年，当胡马雍借助萨法维军队的力量占领了坎大哈，夺回失去的王位后，却未能履行自己的诺言。他非但没有把坎大哈拱手让给波斯，还把波斯人从坎大哈驱逐了出去。从此，坎大哈成为萨法维王朝和莫卧儿王朝不断争夺的焦点。1556 年，胡马雍去世，莫卧儿势力随之在坎大哈削弱，塔赫玛斯普乘此良机一举出兵夺取了坎大哈。此事使继胡马雍之位的阿克巴非常恼火，愤而中断了与萨法维宫廷的往来。因此，1562 年赛义德·伯克的这次印度访问，虽然在表面看来属于塔赫玛斯普本人向阿克巴示好，其实却暗含对胡马雍背信弃义的谴责，甚至不乏向阿克巴示威的意味。

面对如此特殊而微妙的场合，阿克巴对待赛义德·伯克的态度是颇费踌躇的。会面的地点选在了阿克巴的瓷厅——皇家财产的集中地之一。据阿克巴的史官记载，这位皇帝拥有总价值达 250 万卢比的各色瓷器和玻璃器，无疑是一笔庞大的财富。阿克巴因此专门开辟瓷厅以存放他的惊人宝藏。从《阿克巴本纪》的画面上看，这的确是一处雅致精巧的所在。建筑的格局颇类似凉亭，前有空阔的天井，而瓷器则被放置在墙壁上的壁龛之中。壁龛是伊斯兰建筑中最常见的装饰元素之一，一般是指在墙身上留出的用作贮藏设施的空间，通过不同形式的框来衬托洞内空间的美，从而形成一种画框的感觉。

在阿克巴的瓷厅中，壁龛的样式十分玲珑，且变化多端，令人目不暇接。或直立如清真寺中的米哈拉布（凹壁），或造型优美如中国建筑中的壶门，更有模仿器皿本身的形状而造的瓶身壁龛。而框内器皿不同的形态和色彩，反过来又增添了整体视觉效果的多样。仅在这一页画面上，就器形而言，便可看到撇口细颈的玉壶春瓶、线条流畅的执壶、成组摆设的杯盏等，摆置的器物不限于瓷器，还有莫卧儿本地工匠制造的玻璃器交错陈设，更显得流光溢彩，美不胜收。

如此奢华的宫室瓷厅，想必给赛义德·伯克留下了深刻的印象。很有可能，这正是阿克巴选择在瓷厅中接见赛义德·伯克的原因。阿克巴的瓷厅已经和兀鲁伯在撒马尔罕建造的那处亭子有了很大的转变。瓷厅已经不再仅仅是后宫花园中某处可有可无的点缀，而成了发生重大外交事件的场所。它是帝王炫耀财富，甚至塑造帝国形象的工具。端坐在瓷厅中的阿克巴，身后是满墙价值连城的中国瓷器，这一形象本身就是最直接而具震慑力的。我们几乎可以预料，当赛义德·伯克从莫卧儿返回波斯，他必定将事无巨细地向塔赫玛斯普汇报他的印度见闻，而奢华的瓷厅无疑是其中最重要的一笔。和阿克巴一样，塔赫玛斯普同样深谙视觉政治的重要性。在近代早期的伊斯兰世界，政治就是将美好本身无限倍地放大，炫耀从来都是政治中的重要一环。一个最直接的例证就是赛义德·伯克从波斯带至莫卧儿宫廷的礼物。

礼物，是萨法维波斯宫廷政治和外交活动中的重要一环。对于萨法维人来说，送礼是一项高度礼制化的活动。在塔赫玛斯普任期内，最值得大书一笔的是他和奥斯曼帝国的礼物外交。1560 年，一支由700 人组成的外交队伍从奥斯曼帝国的都城伊斯坦布尔出发，抵达加兹温，向塔赫玛斯普献上镶嵌宝石的宝剑、华贵的服饰以及良马。作

为回报，塔赫玛斯普在 1567 年派出了一支同样庞大的队伍，由 320
名官员和 400 名商人组成，浩浩荡荡来到伊斯坦布尔。据说，单驮运
礼物的骆驼就多达 34 匹。礼物则包括 20 张华美的丝毯，以及一部花
费 20 年时间完成的《列王纪》手抄本。这次使节互派距离赛义德·伯
克访问阿克巴的时间并不遥远，因此塔赫玛斯普向阿克巴送出的礼物
应该不会有太大的差别。

　　《阿克巴本纪》左页插图详细地描绘了波斯人送来的礼物。除了
装饰华丽的骏马、侍者手捧的衣料之外，便是陈设在地毯上的大量瓷
器。由于这本完成于 1596 年的抄本年代久远，几经易手，因此插图
本身已经有些模糊不清。事实上，画面上一部分看似光素的瓷器均
为青花，且多为大器，寻常颇不易见；而颜色稍深的一部分，则很
可能是青瓷。这或许是中国外销瓷历史上格外有趣的一段。往常提
到外销瓷，往往言必称青花，其实，在历史上青瓷一直就畅销海外，
尤其在蒙元时期，随着青花在国内的一枝独秀，青瓷越加依赖中国
以外的市场。

　　到了萨法维时期，波斯本地工匠仿制的青瓷已几可乱真！我们并
不能确知塔赫玛斯普送给阿克巴的瓷器究竟是中国原产，抑或波斯自
产。相反，莫卧儿工匠在印度似乎未能在制瓷工艺上有所建树。塔赫
玛斯普在他的礼物单子上额外添加瓷器一项，可能正是迎合了莫卧儿
宫廷本身不善制瓷却又嗜好此项的情况。于是，他或有意或无意地告
诉阿克巴，谁才真正确立瓷器鉴赏品位的人。

四

中国瓷与四十柱宫

　　萨法维王朝当然有资格这么做。从帖木儿时期开始，波斯标准一直是伊斯兰世界审美的准则。萨法维王朝试图巩固这一地位，一直源源不断地向周边地区提供着灵感。今天，在世界各地，但凡有伊斯兰艺术品收藏的地方，都可以看到数量不小的萨法维瓷器收藏。有意思的是，波斯始终欢迎来自中国的灵感。

　　波斯和中国，宛如一对镜像，你中有我，我中有你，总是在最短的时间内反映出对方的姿态。就瓷器一项而言，正是因为大量明代早期的青花瓷通过海路进入波斯，才使波斯工匠在极短的时间提高了制瓷工艺的水准。据说，阿拔斯一世（1587—1629）曾从明朝招聘了三百名陶工，在伊朗开始仿造中国瓷器，制作了青花陶器。

　　尽管这条传闻有待考证，但早期的萨法维瓷器的确多单纯模仿中国出产的瓷器，直到后期才逐渐形成了自己的风格。事实上，即使是模仿中国瓷器，也是一件难如登天的工程。瓷器制作的一些基本原料（如高岭土）在中国以外的地区很难获得，即使在今天，要想烧造这些材料令其融化，达到琉璃般光滑、半透明、纯白色的质地，扣之声如琳琅，依然是一项复杂的挑战。

　　位于伦敦的维多利亚·阿尔伯特博物馆是世界上收藏萨法维时期瓷器最集中的地方之一。笔者多次在库藏室内流连忘返，感叹萨法维工匠们对中国瓷器风格的精准掌握，有时又对他们充满幽默感的创新而惊喜。如果说，早期波斯工匠仿的仅仅是瓷器纹样的形，那么到了萨法维时期，他们已经开始再现中国瓷器的神。寥寥几笔，风神自现，且描绘手法飘逸，不拘于物。最典型者，比如一只主体纹

中国风格明显的萨法维宫廷瓷器，
萨法维时期，伊朗，现藏英国维
多利亚·阿尔伯特博物馆

饰为一少年饮酒的青花瓷碗。竹林中，少年坐于巨石之上饮酒，不远处牡丹花开正好。这是最典型的中国风情画，我们可以在无数明代瓷器上看到似曾相识的图案。面对它，风雅的中国看客或许会想起魏晋时期放浪潇洒的竹林七贤，或许还会想起李白"恭陪竹林宴，留醉与陶公"的诗句。然而，这的的确确是生产于离中国相距千里的波斯萨法维瓷。

耐人思考的是，16世纪之后的波斯和中国事实上并无直接的往来。如果摊开一张16世纪的世界地图，我们将会发现此时波斯几乎处于腹背受敌的状态之下。西北部来自奥斯曼土耳其的威胁固然是萨法维王朝的心腹之患，而北部的罗斯人也正在迅速崛起；东部省份呼罗珊则受制于中亚乌兹别克人的封锁，导致从中国到波斯的陆上丝绸之路几近中断，而从南中国海连接到波斯湾的海上丝绸之路，则先是被葡萄牙人控制，随后又相继落入荷兰人和英国人之手。面对如此险恶的战略环境，即使萨法维历史上最有作为的阿拔斯大帝也无可奈何，早已分身乏术，再无暇顾及东方事务。但是，即使在如此恶劣的背景之下，波斯和中国的文化交流依然没有断绝。相反，距离的遥远和沟通的不易，使得中国的形象在波斯越来越斑斓多彩，虚实难分。

如今，当游客踏入建于阿拔斯二世时期的四十柱宫时，满目所及的壁画尽是宫廷宴饮的场景，而画中几乎无人不使用精致的青花瓷器。四十柱宫建于1647年的伊斯法罕，宫殿的前面是一个巨大的门廊，门廊由20根柏木做的独木巨柱支撑。门廊前面有一个长110米、宽16米的水塘，水从安放在塘底的四头狮子的口中喷出。塘水清澈见底，波光粼粼。木柱倒映在水中，又有 20 根同样的柱子浮现，宫殿因此得名"四十柱宫"。

四十柱宫是阿拔斯二世处理国事和接见外国使节的地方，但同时也是他娱乐纵情之所。因此，宫殿内部装饰极尽奢华之能事，大厅的天花板上都装饰了镀金图案的壁画，墙上则是风景画和狩猎场景的绘画。其中，最夺人眼球的当属大厅正面四幅以四位萨法维君王为题材的巨型壁画，分别描绘了塔赫玛斯普一世接见莫卧儿流亡皇帝胡马雍、阿拔斯一世接见乌兹别克瓦利·穆罕默德汗、阿拔斯二世接见乌兹别克使者以及伊斯玛仪一世击败乌兹别克昔班尼汗的场面。阿拔斯二世如是装饰宫殿大厅的目的不言自明。当各国使者在大厅中等候他的接见时，首先面对的就是这四幅象征着强敌臣服于萨法维王朝的巨幅壁画。阿拔斯二世是萨法维晚期历史上最有作为的君主之一。和他

四十柱宫正面，1647 年建，伊斯法罕，伊朗

孱弱的父亲萨菲一世不同，阿拔斯二世雄心勃勃，热衷朝政，在他的治下，萨法维王朝再一次占领了坎大哈。

我们之前已经讨论过塔赫玛斯普一世和莫卧儿皇帝胡马雍以及他的儿子阿克巴之间的恩怨。在塔赫玛斯普一世于1576年去世时，阿克巴竟然不顾外交礼节，甚至连一位使节也没有派往波斯宫廷。此事势必令塔赫玛斯普的继承者们极为不满。阿拔斯二世以恢复萨法维荣光为己任，因此，不难揣度他为何重新将胡马雍臣服于塔赫玛斯普一世的历史用壁画的形式表现出来。

画面两边的结构几乎是对称的，尽管右边塔赫玛斯普一世一侧的官员要比左边胡马雍一侧的多，但为了保持作品的平衡感，艺术家又在这位印度统治者侍从们的旁边并排画上了一些音乐家。然而，仔细观察塔赫玛斯普一世和胡马雍，将会发现许多有趣的细节。首先，塔赫玛斯普一世的形象更加高大，且气宇轩昂，而胡马雍则耷拉着肩膀，手势似作迎奉状；其次，塔赫玛斯普一世的装饰更为华丽，不仅衣服的颜色更为鲜艳，而且头巾的装饰极为富丽，胡马雍相较则黯淡得多；最后，胡马雍手中空空如也，似无缚鸡之力，而塔赫玛斯普一世则腰佩宝刀，象征着其手握的兵权。即使一个对这段历史全无所知的观看者，也可以立刻分辨出画中谁为主，谁为宾，谁为帝王，谁为落难者。

阿拔斯二世的画师们用心良苦地

落难的胡马庸和塔赫玛斯普一世，四十柱宫大厅墙上的壁画之一

塑造出这一番视觉效果，即使在细节处也是精益求精。透过四十柱宫的巨幅壁画，参观者如同走进了四百年前的萨法维宫廷。处处乐声飘飘，舞者欢然起舞，达官显贵们身着华服，纵情宴饮，即使是苏丹会见使者等重大事件，依然是在宴乐的伴奏下进行。萨法维王朝一贯以好品位著称，宫廷器用自然与众不同，格外精巧。象征宫廷奢华的青花瓷，在四十柱宫的壁画中几乎随处可见。

　　青花，曾一直被认为是中国的象征，可它却从始至终都与波斯有着密切的渊源。青花以春质白色高岭土为胚，以钴蓝为色料，前者原产中国，而后者则进口自波斯。自宋元起，中国海舶和伊斯兰海船即往来贸易。中国以瓷外销，形成一条区别于陆上丝路的海上丝瓷之路。有趣的是，四十柱宫壁画上波斯金属器和青花瓷器同时出现。两者的器形十分类似，仅有材质的不同。这也折射出元明时期中国和波斯在器物上相互影响。明代永乐宣德年青花瓷就有几种特别的形制和纹饰，直接采用波斯式样，如缠枝花卉纹执壶，用于净手、浇花，乃仿造伊斯兰金属器的产物，另有八角烛台，更是独特的伊斯兰式样。

　　阿拔斯二世的四十柱宫，如同一座瓷宫。瓷器既为日用物，也是奢侈品，可使用，也可入画。我们很难分辨出壁画上的瓷器究竟是进口自中国，抑或波斯原产。16世纪一开始，随着欧洲人在欧亚海路贸易上的兴起，中国和波斯之间的直接交流逐渐减少。即便如此，萨法维时代的波斯人对中国依然充满着好奇和热情：中国之于萨法维人，成了一个象征奢华的符号。正是在这样的背景下，一座属于萨法维王朝的瓷厅出现了。

五

阿拔斯大帝的瓷厅

今天伊朗西北部的小城阿尔达比尔在伊朗的版图上毫不起眼，尽管它靠近大不里士，气候凉爽，景色宜人，却并未获得旅游者的青睐。但是，自阿契美尼德时代开始，阿尔达比尔一直在伊朗历史上占据着非常重要的地位。在琐罗亚斯德教的经典《阿维斯陀》中，琐罗亚斯德正是出生在这个地方。历史上，阿尔达比尔曾数次遭到毁灭性的打击，却都奇迹般地重生，直到 7 世纪阿拉伯人征服萨珊波斯之时，阿尔达比尔仍然是伊朗西北部最大的城市。在其后的塞尔柱、伊利汗、帖木儿和萨法维时期，阿尔达比尔在帝国内部一直保持着突出的政治和经济地位，同时也是丝绸之路上重要的站点之一。可惜可叹，历经战争、地震和洪水，如今的阿尔达比尔早已日薄西山，其风流已被雨打风吹去。尤其是在二战之后，随着伊朗城市化运动的展开，如今幸存于世的历史建筑已经寥寥无几，其中举世闻名的一座就是谢赫萨菲的陵墓。萨法维王朝的瓷厅正是位于谢赫萨菲的陵墓建筑群内。

14 世纪，随着伊利汗王朝中央政府的实力不断削弱，伊朗各地逐渐有多方势力崛起。其中，一位苏非派谢赫萨菲·丁在西北部的阿尔达比尔创立了一个叫萨法维的苏非教团。萨法维教团在伊朗西北逐渐壮大，而后发展成为政教合一的组织。至 1502 年，萨菲·丁的后人伊斯玛仪一世正式在阿尔达比尔宣布建立萨法维王朝。为标榜政权的合法性，萨法维王朝刻意割断与最初的苏非教团的联系，宣称教团始祖萨菲·丁系什叶派第七代伊玛目穆萨·卡兹姆的后裔，国王伊斯玛仪一世为隐遁的伊玛目的代理人，并立十二伊玛目派教义为伊朗国教，从此伊朗晚期历史上最辉煌的时期——萨法维王朝开始了。

　　笔者 2011 年到达阿尔达比尔的时候，正值伊朗重要的宗教纪念日——伊玛目阿里的殉道日，伊朗全国大部分景点不对外开放。于是我在阿尔达比尔留宿一夜，第二天才得以参观这座萨法维王朝的皇家陵墓。事实证明，这多余的一天逗留绝对是值得的。阿尔达比尔尽管如今只是一座经济不算十分发达的小城，但在不经意间仍透露出当年萨法维王朝兴起时的盛况。当时正值盛夏，德黑兰酷暑难耐，但阿尔达比尔因地处西北，所以气候十分凉爽，令人心旷神怡。作为萨法维王朝的"龙兴之地"，阿尔达比尔地处伊朗阿塞拜疆省，主要居民为操阿塞拜疆语（属突厥语族）的阿塞拜疆人，性情豪爽亲切，和伊朗中部的波斯人有不小的区别。有趣的是，萨法维君主们事实上也是阿塞拜疆人，阿塞拜疆语曾是萨法维宫廷的日常语言。建立王朝的伊斯玛仪一世能够同时使用阿塞拜疆语和波斯语创作诗歌，据统计，他总共有 1400 篇阿塞拜疆语诗歌留存至今。尽管这些诗歌未必全部由其本人所作，但足以证明阿塞拜疆语文学在萨法维王朝的独特地位。

　　在建立萨法维王朝后，伊斯玛仪一世离开了阿尔达比尔，选择临近的更显赫的城市大不理士为都城。但是，作为萨法维王朝的诞生地，阿尔达比尔始终在萨法维历史中保持了一个极其重要的地位。对于萨法维王朝的统治者而言，阿尔达比尔，尤其是先祖萨菲·丁的陵墓，是他们统治合法性的象征之所。

　　萨菲·丁的陵墓，在他在世时为其罕卡，即苏非谢赫用于传授教法、精修栖止的地方。自萨菲·丁于 1334 年去世之后，此处成为他的陵墓所在地。伊斯兰世界一向有圣墓崇拜的传统，在萨菲·丁去世后不久，他的陵墓已经成为信徒们的朝圣之所。在萨法维王朝建立之后，萨菲·丁陵墓的神圣性更得到了进一步的加强。此时，它已经不再仅仅是一位受人尊敬的苏非的墓地，而成了萨法维王朝统治合法性的象征。为了吸引朝圣者的到来，萨法维君主们在陵墓周围兴建了旅社、浴室甚至厨房。当然，最重要的建筑部分——萨菲·丁的陵墓更在数个世纪之内由萨法维君主们支持赞助，不断地扩大、翻新，最终形成今天所见的恢宏规模。整个建筑群围绕一个矩形的天井而建，进入大门，穿过一个建于15世纪的狭长的花园前院，就到了主建筑群。从外观看，整座建筑平淡无奇，并无辉煌壮丽之感，实则内里大有乾坤。

建筑群中最核心的部分包括谢赫萨菲·丁在13世纪修建的罕卡以及其本人的陵墓。其余部分都是在这之后逐渐被添加扩建而成。经过萨法维王朝及其后的多次重修，今天整座建筑群主要包括以下几部分：谢赫萨菲·丁和王朝的开国皇帝伊斯玛仪一世的陵墓、清真寺、罕卡、烛厅、女眷厅以及烈士厅等多处建筑。瓷厅，最初独立于主体建筑之外，但逐渐和其他建筑连成一体。根据现存的瓦克夫文件（阿拉伯语音译，指符合伊斯兰教法规定的宗教与社会慈善事业）记载，瓷厅成为一个专门用于存放中国瓷器的地方，发生在阿拔斯一世时期。在此之前，这座建筑虽然早已存在，但至今仍不能确定其最初的功能，只能大致猜测它可能是苏非们集会修行的地方。

但到了1611年，阿拔斯一世向阿尔达比尔的家族陵墓贡献了1162件瓷器，彻底改变了这座建筑的命运。这无疑是一批数量惊人的收藏。这批瓷器的来源不一，其中部分可能是作为外交礼物进入阿拔斯一世的宫廷，其余部分则或通过贸易购得，或者直接来自臣子们的奉献。阿拔斯的宠臣喀拉查噶显然是这批收藏原来的主人之一，超过90件最精美的瓷器上刻有他的名字。喀拉查噶曾任阿尔达比尔的长官，在阿拔斯一世时期拥有极高的权位，因此，当阿拔斯一世准备向萨菲·丁的陵墓贡献瓷器时，他很可能主动献出了自己的珍贵收藏。

在这1162件瓷器中，805件于1935年转运到德黑兰，先藏于德

瓷厅，萨菲·丁陵墓建筑群之一，
萨法维时期，阿尔达比尔，伊朗

黑兰的古丽斯坦宫；另外八九十件品相较差的瓷器仍存于阿尔达比尔的瓷厅。即使如此，当笔者初次踏入瓷厅时，仍然受到不小的震撼。从兀鲁伯在撒马尔罕建造第一座仅以中国琉璃瓦装饰的瓷亭，到16世纪阿克巴在阿格拉宫廷中以瓷器作为装饰的瓷厅，最终，在17世纪早期，萨法维王朝也终于拥有了一座真正意义上的瓷厅。它的规模远远大于之前在撒马尔罕和阿格拉的先例，它的收藏品数量和质量也是前两者难以企及的。

　　这座瓷厅的拱顶并不夸张，建筑面积并不宏大，但这丝毫没有影响它惊人的美感。萨法维人对于所谓的纪念碑式建筑的兴趣并不大，不求以规模的庞大夺人眼球，而是通过精巧别致的内部装饰达到其所追求的视觉效果。整座建筑犹如一首曲调和谐的音乐，巧妙地通过光线和装饰的组合，达到静谧而辉煌的效果。拱顶之下，即是布满壁龛的墙壁，左右对称，前后呼应。萨法维建筑家们似乎是用描绘细密画的心境在创作这一视觉奇观。和阿格拉的瓷厅壁龛相比，此处壁龛的结构无疑更加复杂，框架种类更为多变。由于建筑结构的凹凸，整个壁龛墙自然也随之起伏，不再是平板一块。

　　墙壁以红、蓝、金三色装饰。随着时间的流逝，如今装饰墙壁的彩色颜料已经有所褪色，但依然十分华丽。可以想见，400年前，当华灯初上的时候，这座瓷厅将会如何璀璨生姿。装饰壁龛的描金花叶，给人一种恍惚之感，仿佛整个瓷厅不是一座建筑，而是一件精雕

瓷厅内的壁龛

细琢的首饰：这是萨法维时期艺术最普遍的特质之一。每一个壁龛都是一个雕孔，而曾经陈设其中的瓷器就如同宝石镶嵌其中。壁龛之下的瓷砖马赛克，以及铺满地面的巨大波斯地毯，就像托盘一般烘托着这件美轮美奂的首饰。今天，原先摆满瓷器的壁龛已经空空如也，但瓷厅建筑本身却依然魅力无穷。

这是一所属于瓷器的房间。从某种程度上说，这也是属于阿拔斯一世的宫殿。对于雄心勃勃的阿拔斯一世而言，这座前无古人也后无来者的瓷厅或许象征着整个萨法维王朝的无尽财富。因此，将瓷厅置于萨法维的家族陵墓建筑群中，是再明智不过的决定。在几乎所有阿拔斯一世贡献出的瓷器上，均镌刻一条波斯语铭文，意为"阿拔斯，拥有至高权力之王的奴仆，贡献给萨菲王"。此处的"至高权力之王"即指先知穆罕默德的女婿，什叶派第一位伊玛目阿里，而"萨菲王"

则指萨法维先祖谢赫萨菲·丁。阿拔斯一世用这种方式直接点明了自己统治的神性之源，从而强化了统治合法性。

　　阿拔斯一世贡献给萨菲·丁陵墓的瓷器种类并不限于青花瓷。我们或许可以通过分析这批瓷器中各色比例的构成，来了解萨法维时期宫廷的瓷器审美。在这 1162 件瓷器中，共有 58 件青瓷，多为 14 世纪至 15 世纪早期的器物。和青花一样，青瓷同样原产自中国。青瓷的瓷质温润如玉，造型端庄浑朴，唐代诗人陆龟蒙以"九秋风露越窑开，夺得千峰翠色来"的名句赞美青瓷。和青花瓷相比，青瓷并未广泛地出现在萨法维时期的绘画或文字史料中，因此我们对萨法维宫廷使用青瓷的情况了解甚少。青瓷的美感和青花瓷迥然不同。青花热闹世俗，青瓷则温润淡雅。中国历代文人雅士皆以青瓷为贵，奉为文房雅玩之上品。那么，波斯能否欣赏青瓷这份"圆如月魂堕，轻如云魄起"的中国之美呢？答案显然是肯定的。元至正年间，汪大渊在《岛夷志略》中记述与外国交易货物的瓷器中，处器、处瓷、处瓷器、处州瓷器和青瓷、青碗等大都指的是龙泉青瓷。龙泉青瓷遍布波斯湾沿岸各处。在塔赫玛斯普一世送给阿克巴的礼物中就能看到青瓷的踪影，可见青瓷在萨法维宫廷颇为多见。

　　另有 80 件白瓷，釉下多刻以铭文。其余尚有其他单色瓷器。在整批收藏中，400 余件青花瓷是最重要的部分。青花瓷的色泽明朗爽利，蓝白分明，据说，蓝为波斯民族的象征，而白则是伊斯兰教崇尚的颜色，因此一直受到萨法维宫廷的青睐。其中的 37 件是 14 世纪蒙元时期的产物，且多为大器。

瓷厅收藏的中国青瓷

这些 14 世纪的青花瓷，最初很有可能是属于伊利汗宫廷。200 多件 15 世纪的青花瓷盘、碗的质量极其之高，即使和中国宫廷的收藏相比也毫不逊色。明永乐、宣德时期烧制的青花瓷堪称一流，代表了青花烧造的最高水平。这其实与一种原料有关，即郑和时代从波斯引进的钴料。用它烧造的青花会呈现蓝宝石般的美丽色泽，局部有褐黑色似铁锈的结晶斑点。用这种钴料烧造的青花瓷是永乐、宣德时期独有的，宣德之后，也许是因为明朝逐渐停止了对外远航的原因，这种钴料的来源也随之断绝，不再用来烧造青花瓷了。

阿尔达比尔瓷厅收藏的青花盘的体积较一般中国收藏的器物更大，说明此类瓷器是明廷专门用作外交礼物或外销产品输出的。永乐时期最轰轰烈烈的外交活动自然是人所皆知的郑和下西洋。郑和是一位生于中国的穆斯林，他的祖先是元朝初期来自中亚的色目人。他幼年所受教育中的波斯因素也应当是其被永乐选为出使船队最高负责人的主要原因之一。1405 年（明永乐三年）7 月 11 日，明成祖命郑和率领庞大的由 240 多海船、27400 名船员组成的船队远航，访问了 30 多个在西太平洋和印度洋的国家和地区。一直到 1433 年（明宣德八年），他一共领导了七次远航。在他到达的地方中，就包括了今天伊朗著名的港口城市忽鲁谟斯（今译霍尔木兹）。

阿尔达比尔瓷厅收藏的青花瓷细部

今天，几乎所有来到阿尔达比尔的游客都是为了一睹这座瓷厅的风采。萨法维王朝后来将国都定在加兹温，随后又迁都到伊斯法罕，阿尔达比尔却一直和宫廷保持着密切的关系。瓷器并不是阿拔斯一世唯一的贡物。大约同时，他在这座拱北内还扩充了一处收藏十分丰富的图书馆，馆藏了大量极其珍贵的手抄本。可惜，今天这份珍宝已经不再属于伊朗。在 1826—1828 年俄国对伊朗的侵略战争中，俄国的高加索总督伊万·帕斯克维奇入侵了伊朗西北，劫掠了萨菲·丁拱北图书馆中最珍贵的收藏，将其运送至圣彼得堡。恐怕雄心勃勃的阿拔斯一世从来不会想到他的收藏会以这样惨烈的方式四散。值得庆幸的是，俄国人并未染指瓷厅中的瓷器，至少，他们保留了这座精美建筑的原貌。

在其后的岁月里，瓷厅逐渐不再和瓷器直接关联，而演变成了一种更为纯粹的建筑形式。但在莫卧儿帝国的领土，即今天的印度和巴基斯坦，有一种十分独特的建筑仍被称为"瓷厅"。这种瓷厅一般被建在一处瀑布之后，由一排连着一排的石壁龛组成，少则三排，多则数百排，每一个壁龛内放置一根蜡烛，每当夜幕降临，点燃蜡烛，隔着瀑布的水帘，观看若隐若现的烛火，就犹如梦境一般美好。

第四章

黑 笔

　　15 世纪的波斯画家们画鬼成风，其中最神秘的一位自然是"黑笔"。黑笔究竟是何方神圣，无人得知，但他留下了波斯艺术史上最令人费解的图像。在他的笔下，波斯绘画中寻常所见的英雄美人不见了，取而代之的，是蛮荒世界的一群生灵。关于这个魑魅世界的图像来源，伊斯兰艺术史家们始终莫衷一是，其中最广为认可的，即是"中国来源说"。自元至明，来自中国的图像源源不断地传播至伊朗和中亚，经过酝酿和提炼，最终在十四五世纪出现了一个中国风格的黄金时期。黑笔画即是其中最令人惊奇的一笔，它是真正属于丝绸之路的艺术。

一

托普卡匹宫的黑笔

　　提到所谓的波斯细密画，所有人的脑海中会浮现出一幅固定的图景：它色彩绚烂，笔触细腻，线条流畅，如同一个美梦。细密画中的人物或是千娇百媚的美人，或是征战沙场的将领，或是俊美潇洒的少年，除此之外，似乎很少有其他人有资格入画。人们看惯了这类图像，几乎已经将波斯细密画与华美工巧画上了等号。的确，很难想象，有肮脏、野蛮甚至疯癫的人出现在标准细密画中。不过，这种对于中世纪波斯绘画的认知其实相当片面。首先，细密画这一名称迁就了近代欧洲人对伊斯兰世界绘画的理解，这个词最初是用来指欧洲本土的抄本艺术，而波斯绘画其实未必细密。在现今存世的手抄本、册页等艺术品中不乏许多尺幅庞大，规模宏伟的作品。

　　其次，波斯绘画所表现的题材之多样也远远超过一般人的认识。近代之前的波斯艺术家们的好奇心和想象力常常令今人吃惊。伊斯兰教禁止偶像崇拜，但这显然不能阻止波斯画家和他们的赞助人对绘事的热衷。其中，尤以13至15世纪这一阶段的发展最引人注目。这一时间段横跨了从蒙古人统治的伊利汗王朝到突厥人统治的帖木儿王朝。异族统治虽然不可避免地伴随着流血的军事征服，却也在客观上促进了欧亚大陆上各个文明之间的交流和互动。作为赞助人的异族统治者，必然希望他们的形象可以烙刻在其统治的每一处地界，而艺术家们首当其冲地成了实现这一愿景的理想人选。

　　同时，来自异域他方的影响又给艺术家们带来了新的冲击和灵感。这其中，中国扮演了一个重要的角色。在蒙古统治时期，从中国到波斯，适万里如履庭户；到了14世纪末，中亚枭雄帖木儿登上历史舞台，再次开启了今天中亚地区和中国的交流。源源不断的昂贵货物、奇珍异宝乃至艺术作品经过丝绸之路，从中国来到波斯。在这一历史阶段，波斯画家们相当勇敢地尝试新鲜的题材和技法，其中的许多元素都可以追溯到中国。今天土耳其伊斯坦布尔的托普卡匹宫博物馆收藏了两部分别被编号为 H.2153 和 H.2160 的册页。册页中保存的许多绘画生动地反映了从伊利汗到帖木儿王朝时期中亚地区文化的复杂性和多元性。

H 是土耳其文 Hazine Kitaplığı 的缩写，意为"珍宝图书馆"。此图书馆是托普卡匹宫博物馆重要的组成部分，收藏了历史上曾属于奥斯曼帝国的来自伊斯兰世界各地的书籍艺术。在 H.2153 册页中，总共有 199 页不同类型的图像，其范围从中国绘画一直到欧洲印刷品；H.2160 共包含 90 页，110 幅图像，其艺术风格和 H.2153 的内容接近。这两部册页内的不少绘画上都签有"穆罕默德·斯亚·加拉姆"（Ustad Mehmed Siyah Qalem）的名字。由于"Siyah Qalem"在波斯语中意为"黑色的笔"，因此这些绘画也被后来的伊斯兰艺术史家们称为"黑笔画"（Siyah Qalem Paintings），简称"黑笔"。除了这两部册页包含了绝大部分黑笔画之外，同在托普卡匹宫博物馆的编号为 H.2152 和 H.2154 中同样存在内容和风格相关的绘画。另外，尚有极少数相关的绘画目前被收藏于美国的弗利尔美术馆。

黑笔可能是波斯绘画史上最令人感到困惑的画家。他独特的魅力吸引近 50 年来几乎每一位研究波斯绘画史的学者。黑笔和美无关，他笔下描绘的世界更像一场梦魇中的场景。在这里，波斯绘画中常见的英雄美人不见了，取而代之的或是状似魔鬼的人物，或是面目狰狞的野兽，或是疲惫不堪的老者，仿佛是蛮荒世界的一群生灵聚在一处。他们的形象仿佛从天而降，在此之前似乎从未出现在伊斯兰世界的艺术品中。

历史上的确曾有一位名叫穆罕默德·斯亚·卡勒姆的画家存在。根据极为有限的资料，我们得知他大约生活在 15 世纪的呼罗珊或者大不理士。但是，能否将 H.2153 和 H.2160 册页中的黑笔和这位在历史上身份模糊的画家联系起来？这种尝试基本是错误的。两本册页上的"黑笔"签名随意出现，毫无规律，而且字迹风格多变，不像是出自一人之手。并且，根据笔迹判断，"穆罕默德·斯亚·卡勒姆"这个名字明显是在距离绘画实际完成之后相当一段时间才由后人添加上去的。很有可能，册页制作者在将散页图像制作为册页的过程中，临时起意，添加了"穆罕默德·斯亚·卡勒姆"的签名。至于具体原因，目前仍未可知；其次，几本册页中的黑笔画风格不一，主题各异，可以看出并非出于一人之手。相反，倒更像是由多人完成，只是在后期都被人为地冠以"穆罕默德·斯亚·卡勒姆"的签名而已。

在此，我们需要对波斯册页（muraqqa）这一艺术形式稍作了解。它的出现在波斯艺术史上无疑是一次惊人的变革。而这一变革的源头，很有可能即来自中国。近年来，学者们已经开始注意到中国的册页与波斯的册页的产生和发展有着密切的联系，两者的形制和意趣颇为接近。回顾一下中国的书画装裱形制，或许可以帮助中国读者更好地理解册页。中国书画装潢的形制主要可以分为三种形式：挂轴、手卷和册页三种。挂轴大多悬于壁面上，以此为居所的装饰。手卷是横幅长画，欣赏时置于桌上，边看边卷。至于册页，是将画幅装裱成一页一页，犹如书本。自唐时，即有人把长幅画卷切割、装裱成单幅页子，又因页子久翻易乱不便保存，进而装订成册，此即册页之滥觞。册页的画幅一般较小，因此亦被称为"小品"。唯其小，所以在取景立意时，往往凸显最引人入胜的部分，窥一花即一世界，虽只是盈尺之间，照样美不胜收。册页的制作者，不必是册页内容的创作者。因此，同时期的其他艺术家的作品，或者前代名家的笔墨，只要符合册页制作者的意图，都可以在裁切之后，以合适的尺寸被编入册页。波斯的册页同样如此。

正因为这个原因，历史学家很难直接通过册页本身的来历还原册页中具体作品的历史。更让研究者感到棘手的是，没有任何文本史料可以提供有关这些黑笔画的信息。除了潦草的签名，我们几乎对这些奇异的图像一无所知。历史学家们对这些图像所表现的主题、内容、创作者乃至具体的创作年代都存有很大的争议。有学者认为它们应该是伊利汗时期的产物；也有学者持不同意见，认为它们的制作年代应该稍晚于伊利汗朝，更有可能和14世纪晚期的札剌亦儿宫廷联系起来；甚至有学者直接提出，黑笔画的创作者应该是来自中亚游牧部落的成员。种种猜测，莫衷一是。

唯一可以确定的是，黑笔画应该是从蒙古征服到帖木儿王朝兴起这段时间内，欧亚大陆上不同民族和文化交流互动的产物。黑笔画是不折不扣地属于丝绸之路的艺术。从这些图像中，可以找到属于丝绸之路上各个不同民族、不同文明的特征或符号。在接下去的篇章中，我们将看到黑笔画中的诸元素是如何回应了波斯、中亚以及中国的神话、艺术传统。斩钉截铁的结论是不存在的，我们拥有的只是一些支离的假设，正如我们对历史本身的认识一样。

在开始对黑笔画的内容进行讨论之前，首先需要回答的一个问题是：这些黑笔画究竟是如何从波斯辗转进入托普卡匹宫博物馆的？遗憾的是，这个问题同样没有确切的答案。一般认为，这些绘画应该是奥斯曼帝国对波斯的萨法维王朝战胜后所得的战利品之一。土耳其伊斯坦布尔的托普卡匹宫博物馆是世界上收藏中亚地区手抄本及绘画最集中的地点之一。博物馆的前身是奥斯曼帝国苏丹们在伊斯坦布尔的皇宫和主要居住地，奥斯曼人用难以计数的宝物充实自己的宫殿，其

查尔迪兰战役,《塞利姆之书》,16 世纪,伊斯坦布尔,土耳其,现藏托普卡匹宫博物馆

中,来自波斯的大量宝石、武器、绘画及手抄本成为历任土耳其苏丹们孜孜以求的猎物。

以冷酷闻名的奥斯曼苏丹塞利姆一世数次发动了对近邻萨法维波斯的进攻。在 1514 年 8 月的查尔迪兰战役中,塞利姆大败萨法维王朝的红帽军。萨法维君主伊斯玛仪一世在战争中甚至身负重伤,不得不退出当时波斯的首都大不理士。塞利姆短暂地占领了大不理士,强行将城内的学者、艺术家、手工业者和商人迁至伊斯坦布尔。这批可能曾属于萨法维宫廷收藏的黑笔画也许随着战乱就从波斯流入了托普卡匹宫。

二

波斯恶魔

黑笔画表现的题材差异较大。其中最常见的，是一系列形容丑陋的怪物。此类形貌怪异的怪物浑身皮肤充满褶皱，其中的一些甚至长着些许毛发。最显著的特征是其头部长出的双角。在册页 H.2153 中，一个长着犄角的黝黑怪物撑在一根拐杖之上。他的眼睛圆睁，露出凶狠的神色，一排獠牙让他的形象更加狰狞。他的姿态很有趣，单脚立地，又像是凌空而起，如同舞蹈。手指向天，似乎在宣示些什

长角怪物一，H.2153，约14～15 世纪，伊朗或中亚，现藏托普卡匹宫博物馆

么。他的胳膊、手、脚都佩戴着金环，与他简陋的遮羞布颇不协调。最神奇的是他那蜷曲向前的尾巴，竟然是一个龙头！

还有两个形象骇人的怪物，但视觉风格已经和第一幅有所区别，笔墨显得更为细腻精致，甚至更写实。我们可以观察到他俩布满疙瘩的肌肤。他俩的装束和之前那位颇为类似，也是衣不遮体，却佩戴着闪闪发亮的金环。金环的款式似乎更为精致，看起来很像中国传统的项圈。两个怪物似乎正在交谈。左边长着浓密胡须的一位全身被一条龙

长角怪物二，H.2153

缠绕，而他双手擒住龙头，从龙身的扭曲姿态看，怪物似乎正与龙进行一场博斗。右边怪物的犄角并不明显，且与众不同地披上了一件外衣。他的手中提着一根绳索，骇人的是，绳索的末端竟然系着一只动物的蹄角！另一只蹄角则随意地散落在地上。

长角怪物三，H.2153

在第三幅上，黑笔描绘了两个怪物相斗的画面。左边的怪物咬紧牙根，似愤怒至极，手持匕首，正欲向他的对手刺去；而右边的怪物则狡猾地抓住对手的尾巴。画面充满戏剧性的张力，如同一场惊心动魄的决斗，充满了骇人的力量。他们的脚极宽大，而且虬筋密布，如同兽足。

　　没有任何文字资料可以透露这些怪物的来源和出处。但是，在波斯文化史上，神学家和艺术家们对描绘和表现怪异事物一直有浓厚的兴趣，甚至形成了一种独特的文本类型。13世纪，一位叫扎卡里亚·加兹温尼的星相学家写了一部叫《造物之神奇及存世之怪物》的书。此书分为两部分。第一部分是对宇宙天相的描述，讨论的对象包括星辰、日月乃至天使等；另一部分则是和地理相关的内容，涉及种种奇异的动物、植物以及人种等。加兹温尼的书堪称中世纪伊斯兰世界怪物学的集大成者。他对之前流行于阿拉伯和波斯等地的怪物传说做了一个汇总，在后世非常流行。那么，是否有可能从波斯本地的神怪学传统找出黑笔画中这些怪物的出处呢？

　　一个离黑笔画较近的例子是创造于14世纪晚期的阿拉伯手抄本《奇迹之书》的插图。这份抄本中的一页描绘了一个粉红色的魔鬼，骑在一头狮子上，手里还握着一颗人头，随行的则是他的精灵们。虽然我们很难断言两者之间有任何直接的联系，但是它和黑笔下的怪物

在形象上颇有类似之处。和加兹温尼的
《造物之神奇及存世之怪物》类似，《奇
迹之书》也是一部关于占星术和宇宙学
的著作，他的作者是 10 世纪的一位名叫
伊斯法罕尼的数学家。在中世纪伊斯兰
世界，此类记录神奇造物的书籍都是由
当时的科学家所做，而他们关注的中心
往往和占星术相关。占星术依托对星象
的研究，对事物做出结论或预测未来。
占星术士在中世纪伊斯兰世界政治生活
中的作用十分重要，因此，他们的赞助
者往往是王朝的君主。

星象学中的魔鬼形象，《奇迹
之书》抄本插图，札剌亦儿时
期，现藏牛津大学图书馆

这份《奇迹之书》抄本的主人一般
被认为是札剌亦儿王朝的苏丹艾哈迈德。
札剌亦儿王朝原为一蒙古部落，曾支持伊利汗旭烈兀建立王朝，后伊
利汗国分裂，札剌亦儿人成为今天伊拉克和阿塞拜疆的统治者，建立
了以巴格达为中心的国家。苏丹艾哈迈德是札剌亦儿王朝的末代苏
丹。他曾和帖木儿进行过数次交锋，却没有一次获胜，丧失了所有的
国土，最后被黑羊王朝的统治者喀拉·优素福杀害。然而，艾哈迈德
在艺术和文学领域却是一位难得的奇才。他曾编有个人的诗集，甚至
擅长绘画。伊斯兰艺术史家伯纳德·欧肯就认为，黑笔画有可能就诞
生于札剌亦儿王朝的宫廷中。

回溯波斯神话，此类头长犄角的怪物常常被视为传说中的恶
魔。菲尔多西的《列王纪》一开篇就写到波斯传说中的第一位国王凯
尤·玛尔斯父子遭遇恶魔阿赫里曼的故事。波斯神话中的恶魔外形高
大，面貌丑陋，长着一对山羊角。他们性情暴躁，诡计多端，充满了

叛逆和破坏的力量。《列王纪》中的阿拉伯王子佐哈克被恶魔的花言巧语迷惑，为了夺位不惜杀害自己的父亲。当恶魔吻过他的肩头后，佐哈克的双肩立刻生出两条黑蛇，哪怕割去了也能再长出来。魔鬼又化为医师，劝诱佐哈克用人脑喂食黑蛇，使得民不聊生。

在接下来的故事中，生性好斗的恶魔阿赫里曼之子率军前来进犯凯尤·玛尔斯的国土。波斯王子西亚玛克上阵迎敌，却不幸被恶魔击败，死于敌手。西亚玛克尚留有一子，名叫胡山。为了替父报仇，胡山率领浩浩荡荡的由野兽和天使组成的大军前去讨伐恶魔。两军交战，"当胡山伸出雄狮般的巨爪，凶悍恶魔的末日便已来到。他抓住那恶魔的腰带狠狠拖住，然后，斩断那无敌恶魔的头颅。随即一把将他尸身推倒在地，顺手一撕掀下他的一大块皮"（张鸿年译本）。胡山斩杀恶魔，是《列王纪》中的颇为重要的篇章，因此在后世各个王朝制作的大量《列王纪》抄本中都对此绘制插图加以表现。

在一份制作于16世纪早期的《列王纪》抄本中，出现了和黑笔画中的怪物在图像学上十分接近的恶魔形象。这份抄本是1522年萨法维王朝的开国君主伊斯玛仪一世赠送给他当时年仅9岁的儿子塔赫玛斯普的一份礼物。抄本规模庞大，制作精美，是伊朗历史上装饰最为豪华的抄本之一。因为它的主人塔赫玛斯普后来也成为国王，因此这份抄本被称为"王之王书"。在塔赫玛斯普抄本中，被胡山制伏的恶魔几乎和黑笔画中的怪物

胡山制伏黑恶魔，塔赫玛斯普一世的《列王纪》抄本，16世纪早期，伊朗，私人收藏

完全一致。尽管塔赫玛斯普抄本的制作年代晚于黑笔画，但是两者间的联系是显而易见的。插图中恶魔铜铃般圆睁的眼睛，黑面獠牙的嘴脸，甚至手脚上套着的金环都和黑笔画的怪物一一对应。

　　黑笔画在从伊朗流入土耳其之前，最后的停留地正是当时萨法维王朝的首都大不理士。因此，为伊斯玛仪和塔赫玛斯普制作《列王纪》抄本的画师极有可能对黑笔画有过细致的研究。尽管如此，将黑笔画中的怪物形象和波斯神话中的恶魔直接画上等号，仍然是冒险的。保存了黑笔画相关的托普卡匹宫册页本身很有可能就是宫廷图书馆的素材集，画师们将实际所需的稿本内容加以整理、汇集，最终以册页的形式保存了下来。因此，从制作年代的先后推断，《列王纪》的画师可能仅仅是"借用"了黑笔画中的怪物形象来表现传说中的恶魔。

三

游牧者的生活

　　更多的研究者认为，大多数黑笔画真正表现的内容，应该是中世纪欧亚草原上游牧民族的日常生活。中亚地区气候干旱，不利于农业的发展，又远离海洋，因此数千年来游牧民族都是中亚地区最重要的势力。游牧民族精于骑射，是天生的战士。一旦在其内部实现统一，就会形成一股强大的近乎不可阻挡的力量，因此，和游牧民比邻的定居民族需要时刻担忧并提防他们可能带来的军事威胁。欧亚历史上匈人劫掠欧洲、五胡乱华等都是这样发生的。但是，游牧民族和定居民族又不可避免地有着密切的经济、文化交往。正因为如此，自古以来，无论是中国还是波斯都对来自中亚草原的游牧民族保持了密切的关注。

　　几乎征服整个欧亚大陆的蒙古帝国最初也是游牧部族，居住在今天位于东亚大陆北部蒙古高原的山区河谷之间。在成吉思汗崛起之前，欧亚草原上的诸突厥、蒙古游牧部落四散各处，势力微弱，生活也十分艰苦。蒙古征服之后，在波斯和中亚，游牧人群的活动范围甚至更广了。克拉维约从土耳其到撒马尔罕的旅行过程中，就注意到帖木儿帝国境内的察合台人此时仍然过着游牧的生活，终年居于帐幕之内；他们的生活方式和当地的定居民不同，习惯冬夏迁徙各地，选择安全又易于防守的地方搭建帐幕。

　　更重要的是，即使在入主波斯之后，出身游牧的突厥—蒙古统治者们大多仍然过着迁移游牧的生活。伊利汗们就自始至终保持着游牧的生活，随着季节的变换，在他们的冬季或夏季营地放牧、打猎。到了帖木儿时期，包括帖木儿在内的出身游牧民的军事贵族们还是保持着原先的生活方式。因此，如果这些突厥—蒙古统治者对表现游牧

游牧民的生活一, H.2153

者生活的绘画感兴趣, 是一件毫不奇怪的事情。

黑笔画中的世界, 是一个黯淡贫穷的世界。在其中一幅关于游牧民生活的画中, 我们看到一个戴着毡帽的瘦小的男人正在打开一个类似行囊的物体, 不知里面装的是些什么东西; 旁边一个赤裸的男子蜷曲着身子, 想凑过去看。他们的身旁搭着一个架子, 架子上挂着弓和箭, 似乎是在暗示那位高帽男子是一位正在歇息的游牧民。画面上其他的人物也印证了这一点。左上方一黑一白两个男子正在用手制作些什么, 很有可能是作为晚餐的面食, 旁边一个男子则鼓着腮帮子, 费力地对着临时搭起的炉灶吹气, 想让火烧得更旺一些。零落地摊在炉灶旁的, 则可能是一些简陋的餐具。

在另一幅画中, 出现了一群头戴高帽的老年男子。他们的打扮很容易让人联想到今天仍活跃在中亚地区的游牧民族服饰。克拉维约就在帖木儿的宫廷中见到过来自周边游牧民族的使者, 他描述道, 这些"新至之使者, 各人服装之式样, 与众不同。使团领袖, 身穿翻里大皮袍; 皮袍已旧, 毛多脱落。头戴之帽, 有带连系于胸前; 帽口奇小, 大有在头上戴不住之势。……使团随从人员之服饰, 大体如此,

游牧民的生活二，H.2153

一律身披皮袍；倘将其服饰加以正确之描画，则与方离开火炉之铁匠
的打扮相似"。

　　仔细观看黑笔画，常常令笔者想到类似《蒙古秘史》中描绘的游
牧部落的生活场景。《蒙古秘史》是一部记述蒙古民族形成、发展、
壮大乃至称霸之历程的书籍，保留了大量蒙古帝国早期的历史信息。
《蒙古秘史》不仅具有极高的史料价值，而且文笔非常优美，风格雄
健，哀而不伤，有些篇章甚至非常近似《诗经》的风格。例如，在第
三十一节，有人说：

　　　　有那样一个人，骑着那样一匹马，他与你所询问的相似，
　　他还有一头鹰。他每天到我们这里来喝马奶，然后就去了，不
　　知道，他夜里住宿在哪里。但见西北风起处，他放鹰捉住的野
　　鸭、雁的翎毛，像雪片似的飘散，被风刮来，想必他就在这附
　　近住吧，现在到了他来的时候了，请你稍等一会儿。

　　第四十九节又描述了这样一幅图景：

　　有许多人从后面陆续追来。有一个骑白马的人拿着套马竿子，一马当先追上来。孛斡儿出（对帖木真）说："朋友，你把弓箭给我，我来射他！"帖木真说："我怕你为我受到伤害，我去射他吧。"说着，返身迎战。那个骑白马人站住，把套马竿子一指，后面的同伴们陆续赶来。但那时太阳西坠，天色渐暗，后面的人都因天色已黑，逐渐站住不追了。

　　这样的描述，实在非常符合黑笔画中某些场景。H.2153 册页中就有一幅描绘几个男人在荒野中骑行狩猎的场景。他们做典型的游牧者打扮，一边骑马，一边交谈，其中两人手里还各握着一只海东青。海东青，身小而健，其飞极高，是游牧者狩猎时的重要帮手，能袭天鹅、搏鸡兔。更有趣的是画面中出现的一只雪豹昂首矫健，它全身呈灰白色，遍体布满黑色斑点和黑环，异常美丽。雪豹是一种非常罕见

游牧民骑行狩猎，H.2153

的动物，常栖于海拔极高的空旷高山上，是中亚高原特产，主要分布于今天中亚各国，寻常人很难有机会目睹这种异兽。黑笔能够如此准确地描绘雪豹的姿态、毛色，意味着作者肯定曾亲眼见过这种动物，更证明他对欧亚大陆游牧生活的熟悉。

黑笔画与摄影作品的对比，罗兰和萨布里娜·米查德

如何理解黑笔这种奇妙的写实性？法国摄影师罗兰和萨布里娜·米查德所做的视觉实验或许有助于我们走进黑笔中的世界。四十年来，他们一直在寻找今天欧亚大陆上和黑笔画相关的场景。他们的足迹从安纳托利亚的土耳其，经过印度、阿富汗、伊朗，直到中国的长城。令人惊奇的是，他们的镜头的确寻找到了不少仿佛从黑笔画中走出来的人物。例如，1968 年，他们在阿富汗拍摄了一张当地老人的照片，照片中的老者穿着破旧的阿富汗传统服装，立于旧墙脚下。他的衣着、神情甚至衣物的纹理，都几乎和黑笔画中的人物如出一辙。这种奇异的真实感让人仿佛身临黑笔画意之中。

四

萨
满
与
苏
非

　　除此之外，另有一些看似人形却不知其所为的怪人。他们多载歌载舞，情绪激动，这些人会是谁？将他们放入游牧民族的文化背景中，学者们得出一个虽然冒险却很有趣的解释：这些人可能是萨满。萨满是游牧民族的原始信仰，起源甚早。《多桑蒙古史》说："萨满者，其幼稚宗教之教师也。兼幻人、解梦人、卜人、星者、医师于一身。"萨满信仰在蒙古族等游牧部落生活中占有十分重要的地位。

　　被誉为"一代天骄"的成吉思汗就是一位萨满教的信徒，他延请了当时最重要的几位大萨满留在蒙古宫廷之中，择吉定凶。无论是战争还是政事，成吉思汗都极重视萨满的意见。甚至凡是宫廷中的器物，都须经萨满法事净化之后才能留用。在成吉思汗之后，四大汗国中的伊利汗国、金帐汗国以及察合台汗国的蒙古统治者们或早或晚都接受了伊斯兰教信仰，但在他们的领地内，萨满教的流行范围仍然极广。有没有可能册页中的黑笔画是对萨满这种流行于欧亚大陆宗教现象的描绘呢？

　　在萨满教的宗教活动中，狂舞是重要形式之一。"人有咨询者，此辈则狂舞其鼓而召魂魔，已而昏迷，伪作神语以答之"，"击鼓诵咒，逐渐激昂以至迷惘，以为神灵之附身也。继之舞跃瞑眩，妄言吉凶"。萨满们通过震耳的鼓铃、癫狂的舞蹈，乃至筋疲力尽，达到"灵魂出壳"的状态，以此在精神世界里上天入地，得以和神灵沟通。在黑笔画中，这样的"神人"显然不少，其状态的确像是在"跳神"或"跳萨满"，他们令人感到惊恐的模样，或许正是萨满在举行仪式时的狂歌魔舞，终至昏迷、失语、恍惚、

萨满，H.2153

兴奋的生理状态。

不过，也有学者提出，这些被认为是"萨满"的画中人应该是一群活跃于伊斯兰世界的修行者——苏非。"苏非"一词是阿拉伯语音译，但学者们对其具体词源仍存异议。在伊斯兰教中，所谓的"苏非派"并非一个独立的教派。对于许多非穆斯林来说，苏非们大致相当于伊斯兰信仰中的苦行僧——不贪图物质享受，清心寡欲，沉思冥想，隐居独修。但是，这种印象本身却抹杀了存在于苏非派内部的不同教团之间的差异性。不同的苏非教团通常有不同的教法，例如，中亚历史上影响最大的纳格什班迪教团就倡导入世修行，其长老往往掌握了巨大的政治和社会权力。

在黑笔画出现的14—15世纪的波斯和中亚，苏非派在伊斯兰世界扮演了一个十分重要的作用。苏非派的修行方式和正统的伊斯兰教教法学家有很大的区别。苏非们的修行方式，往往超脱常人。他们不看重文字，而是借助神通来吸引信众。这对欧亚草原上的目不识丁的游牧民尤其具有吸引力。苏非派的宗教实践和伊斯兰化前流行于欧亚的萨满教颇有相似之处，这可能也解释了它在中亚等地的流行。15世纪初期出使帖木儿朝的中国使者陈诚就曾在帖木儿帝国的都城赫拉特目睹苏非修行者，在其《西域藩国志》中作了如下记载："有等弃家人，去生理，蓬头跣足，衣敝衣，披羊皮，手持桎杖，身卦骨节，多为异状，不避寒暑，行之于途。遇人则口语喃喃，似可怜悯，若甚难立身，或聚处人家坟墓，或居岩穴，名为修行，名曰迭里迷失。"这段描述不正与黑笔画中的场景十分一致吗？一位外国使者能轻易见到这一场景，可见当时苏非修行者人数之众，已然成为帖木儿帝国内一道独特的风景。既然如此，入画亦不奇怪。

　　陈诚笔下描述的"迭里迷失"，现在一般通译为德尔维希。这类也被称为"海兰答儿"的修行者，甚至不属于任何一个特定的苏非教团。他们放浪形骸，云游四海，多为游方乞讨的托钵僧。这些托钵僧几乎来自于社会各个阶层，包括奴隶、逃犯、流亡的王公以及那些不堪忍受正统宗教理念的人。他们多奇装异服，用这种方式表达自己对于世俗社会的拒绝，这一点恰恰是陈诚所观察到的。正是基于这一特征，部分学者认为黑笔画中也出现了不少海兰答儿的身影。册页H.2153中就有一幅画疑似描绘了两位游方托钵海兰答儿的相遇。他们赤足而行，身披兽皮，手中提着乞讨用的容器。海兰答儿的另一个与众不同之处，是他们遍布身体各处的铁环。据说，中世纪一位呼罗珊的海兰答儿把自己脖子、手腕、脚踝甚至生殖器部位都套上铁环，显示自己完全断绝欲念。而此类形象也的确在黑笔画中屡见不鲜。

游方托钵的海兰答儿，H.2153

　　中亚是海兰答儿现象最早开始出现的地方，随后这种修行方式开始遍布波斯乃至整个伊斯兰世界。关于他们的故事和传说，在中亚民间非常流行，中国人最熟悉的阿凡提就是一位海兰答儿。在不同的地方，他又有不同的名字。在中亚，他的名字是著名的阿凡提；在伊朗和土耳其，他又被尊称为

上海美术电影制片厂木偶动画片《阿凡提的故事》剧照

毛拉·纳斯尔丁或者纳斯尔丁·霍加，甚至在印度的民间故事中也有他的踪影。据说，他是一位生活在12—13世纪的真实人物，但这一点显然已经无法确证了。充满智慧的阿凡提乐于助人，不畏强权的形象，正是苏非派曾经流行伊斯兰世界的证明。

有没有别的角度可以用来看待这些神秘的黑笔？

　　15 世纪的波斯似乎对诸如黑笔中的鬼怪形象颇有兴趣，可以说是"画鬼成风"。1436 年，帖木儿宫廷的画师们为帝国的第二位君主沙哈鲁创作了一本十分奇异的手抄本，即《升天记》。《升天记》的主题是《古兰经》中记载的先知穆罕默德夜行登霄的故事。穆罕默德由大天使吉卜利勒（即基督教传统中的加百利）带领，骑乘着神兽布拉克，先来到古都斯（耶路撒冷），之后和吉卜利勒同上天界，与其他一众先知见面并在最后接受安拉的指示。自伊斯兰教建立以来，这个故事一直在伊斯兰世界影响巨大，人人皆知。在伊朗，伊利汗末王不赛因汗曾命画师艾哈迈德·穆萨将故事中的场景用绘画的方式表现出来，成为历史上最早关于穆罕默德夜行登霄的图像之一，并启发了后世相关题材绘画的创作。其中，最重要的就是沙哈鲁的抄本。然而，沙哈鲁的抄本却和不赛因版有了很大的区别。

　　这本《升天记》在它不算太长的篇幅中，用大量的笔墨描述先知在夜行登霄途中目睹的火狱场面，相关的插图共达14 幅之多。在他的夜行中，穆罕默德经过了地狱。他看到一群女人在烈火中经受炙烤。女人们的头发被悬在梁上，一个魔鬼正在无情地拷打她们。

穆罕默德经过火狱之一，《升天记》抄本，1436 年，赫拉特，现藏法国国家图书馆

穆罕默德经过火狱之二

之所以受到这样的惩罚，是因为她们不顾羞耻地在公开场合展示了头发，希望引起男子的注意。接下来，穆罕默德又见到一个绿色的魔鬼刺穿了一群女人的舌头，通过舌头把她们吊了起来。这群女人所犯的罪孽是嘲笑她们的丈夫，不经丈夫的同意擅自离开家门。最后，穆罕默德又看见一个红色的魔鬼，刺穿了一群女人的胸部，将他们吊起来进行惩罚。女人们正在接受烈火的炙烤，体无完肤。这群女人的罪孽更大，她们不仅与人通奸，而且隐瞒她们和奸夫所生的孩子的身份，谎称是丈夫的骨肉。

如果将《升天记》中的这一组插图和黑笔画中的鬼怪进行对比，将会发现两者之间存在着不少相似之处。画中的鬼怪都赤裸着上身，

穆罕默德经过火狱之三

仅仅在腰间围着布块遮体；不仅如此，《升天记》中的三位地狱中的鬼怪还佩戴着和黑笔画中人物一模一样的金属项圈、脚环：这几处细节都说明两者之间存在着图像学上的联系。或许，我们可以通过更有据可查的《升天记》，走进黑笔画中的魑魅世界。

《升天记》中对火狱的描写，多受到《古兰经》中相关经文的影响。《古兰经》中描绘火狱的经文，在数量上与描述天园的经文大体相等，在内容上则形成鲜明对照。阿拉伯人生活在沙漠之中，对酷热有切身体会，因此火成为伊斯兰教地狱的惩罚手段。被罚下火狱者将永世受刑，其惨状令人恐惧。据《古兰经》载，火狱共有七道门，每道门内将收容"被派定的一部分人"，层层充满了燃烧的烈火，其燃料是人和石头，"主持火刑的，是许多残忍而严厉的天神"。戴上枷锁投入火狱的人，被"穿在一条七十臂长的链子上"，生活在"毒风和沸水中"，处于"黑烟的阴影下"；他们穿用沥青制作的衬衣，"垫火裤"，"盖火被"；他们以荆棘和花篦似魔头的攒槽木果实充饥，食下后腹中像油锅和开水一样沸腾；他们被铁鞭抽打，用被火烧红的金银烙前额、肋下和脊背，烧焦一层皮肤后另换一层再烧。身陷火狱者不管怎样悔恨和求饶均无济于事；他们将永居其中，无法逃出。

《圣训》对火狱中的情景亦有诸多描述："现在世人所用的火，只是火狱热力的七十分之一"，"火狱里最轻的刑罚，是火鞋。足穿火鞋，脑子沸滚"。诸如此类可怖的景象当然不适合入画。事实上，在《升天记》之前，也的确没有描绘火狱惨状的先例。在《古兰经》手抄本上自然是不会有任何人和动物的插图，但在其他的手抄本中，我们也没有见过和火狱相关的插图。那么，沙哈鲁为何要开天辟地地制作这样一部十分另类的《升天记》呢？

答案很可能是沙哈鲁希望通过描绘这种恐怖的地狱景象，令当时帝国内部不信教的察合台贵族的内心产生恐惧。同时，这也是沙哈鲁向中亚，尤其是蒙兀儿斯坦的突厥—蒙古游牧者推广伊斯兰教的手段之一。这可以从这本《升天记》所用的语言看出来。《升天记》的全文由回鹘文字母转写的察合台突厥语写就，而非惯常所用的波斯语。察合台语是帖木儿帝王和权贵们的母语，察合台语文学也在宫廷中受到特别的赞助，因此察合台语的《升天记》很有可能是沙哈鲁为了适应突厥—蒙古系贵族们的母语习惯而专门创作。

回鹘文字母在帖木儿时期的复兴，同样值得注意。回鹘文又称畏兀儿文，是 8 至 15 世纪回鹘人的文字。在蒙古时期，由于擅长通商的回鹘人通晓诸国语言，被元朝及诸汗国采用为书记官员，回鹘文因此成为蒙古帝国的官方语言之一。到了帖木儿时期，大量伊斯兰化时代用阿拉伯文突厥语写成的著作被改为用回鹘文字母书写。在宫廷中，专门有一类书记员执掌回鹘文书，被称为巴哈石，抄录《升天记》抄本的人就是一位名叫马力克·巴哈石的文官。

最晚到 17 世纪，回鹘文在蒙兀儿斯坦和中国西北地区仍然被广泛使用，现存最晚见到的回鹘文记录是在甘肃酒泉文殊沟发现的一本回鹘文《金光明最胜王经》，其跋文显示这本经书抄录于清康熙二十六年（1687）。在明朝永乐皇帝写给沙哈鲁的国书中，就同时包括波斯文、汉文和回鹘文三种语言，可见回鹘文在当时的流行程度。可能正是这个原因促使沙哈鲁决定使用回鹘文字母抄写《升天记》，而这份抄本的目标读者正是中亚乃至中国的能阅读回鹘文的人。

沙哈鲁的《升天记》可能是伊斯兰历史上第一部如此详细描绘地狱场景的手抄本，因此，当沙哈鲁的宫廷画师们准备创作插图时，既没有现成的先例可供模仿，也缺乏必要的素材，这无疑是一个很费脑筋的难题。但是，赫拉特的宫廷画师们很聪明地意识到了他们的中国同行对这一题材早已相当娴熟，因此完全有可能在他们的创作中直接采纳了同时期或更早期中国绘画中的鬼怪形象。

　　中国拥有世界上最发达的鬼怪题材绘画系统，这自然得益于中国
有一个异常丰富多彩的鬼怪学传统。从佛教石窟壁画，到文人绘画，
再到流布更广的民间绘画，各色各样的鬼怪形象几乎无处不在。今天
收藏在伦敦大英博物馆的一幅原敦煌千佛洞的经幡，描绘了多闻天踩
着一个地鬼的形象。地鬼被天王踩在脚下，形体卑小，面目丑陋，与
高大威严的天王形成鲜明的对比。地鬼仰起上身、单手撑地，两眼圆
睁，嘴巴扁大，以头顶和右肩承受天王体重，而其面部肌肉饱满并无
痛苦扭曲之状。巧合的是，这个地鬼的形象和黑笔画及《升天记》中
的鬼怪形象十分相似。

　　元明两代，今天的中亚地区远未完全伊
斯兰化，存在不少香火鼎盛的佛教寺庙。一
般来说，佛寺壁画表现的内容不外佛像画、
经变画、故事画、供养人画像等，其中表现
出狰狞、悲惨情景的画面并非少数，特别
是妖魔鬼怪形象，往往是形态怪异、龇牙咧
嘴、神情凄惨，可能这些图像从中亚和中国
传播至赫拉特，才启发波斯画师创造了相关
的鬼怪形象。柏孜克里克的壁画上就详述地
狱苦相，图中描绘了鬼怪对罪人的种种残酷
的惩罚：或逼迫罪人上刀山，或驱使他们饱
受烈火的炙烤；或拔舌，或穿腮；或将罪人
投入热釜中，或置罪人于俎板上意欲腰斩。

　　将《升天记》和柏孜克里克石窟壁画建
立联系是十分合理的。柏孜克里克石窟的黄
金时期正是高昌回鹘。高昌回鹘国时期，柏
孜克里克的宁戎寺是其王家寺院，历代高昌

敦煌经幡中的地鬼形象，唐
代，现藏大英博物馆

王大都在此建有洞窟。回鹘人在丝绸之路文化史上具有特殊的地位，最关键的原因在于其王国的寿祚极长。早在漠北回鹘汗国时代，回鹘势力即已扩张到以高昌、北庭为中心的新疆东部地区。1209年，成吉思汗西征时，回鹘王国归顺于蒙古，多次出兵随蒙古军作战，因此，有元一代，高昌回鹘一直享有相当特殊的地位。《升天记》所用的回鹘文字母，就曾被成吉思汗用于拼写蒙古语，形成回鹘式蒙古文。

抄录《升天记》的人，马力克·巴哈石无疑是帖木儿王朝宫廷内的一位回鹘文学大师，而且本人极有可能正是回鹘人。在回鹘王国，巴哈石这一称呼最初是用于称呼佛教僧侣。直到蒙古时期，这个词才开始特指在宫廷掌管文书工作的书记员或官员。即使到了帖木儿王朝，马力克·巴哈石的家族似乎仍然和高昌所在的蒙兀儿斯坦保持着较密切的联系。根据沙哈鲁时期留下的档案史料，这位马力克·巴哈石多次往返于赫拉特和蒙兀儿斯坦之间，因此，他应该知道甚至非常熟悉回鹘王国黄金时期的壁画图像。柏孜克里克地狱变中的魔鬼高耸的赤色头发、半裸的身躯，甚至手臂上佩戴的圆环，都让人联想到波斯绘画中的对应形象。这种从中亚到波斯的移植，显然是合乎情理的。

地狱变局部，柏孜克里克千佛洞壁画，14世纪，新疆，现藏德国柏林印度艺术博物馆

伊斯兰艺术史学家克里斯蒂亚娜·格鲁伯甚至提出，《升天记》抄本对火狱的描绘，很可能是受到了当时流行于中亚和中国西北的《地藏十王经》经变画的影响。《地藏十王经》大致是在9世纪时出现。这本经书的内容叙说了冥界十王事迹及地藏菩萨的发心因缘。经

书讲述的故事结构和《升天记》游历火狱颇有相似之处。众生命终之后，经秦广、初江、宋帝、五官、阎罗、卞成、泰山、平正、都市、五道转轮十王厅，接受生前所造罪业之裁断。十王对于所有亡魂进行审判，善者进入"快乐之所"，罪者进入地狱受无尽的苦楚。《地藏十王经》的抄本多绘有详细的插图，描绘地狱的种种刑罚，以警醒世人时时规范自己的言行。这些地狱罪苦包括拔舌、断肢、身溅热油、蛇蝎勾咬等种种痛苦，和《升天记》中先知穆罕默德在火狱的所见有明显的相同之处。

六

黑笔与钟馗

　　然而，中国和黑笔之间的渊源恐怕要远远超过我们的想象。

　　传说，唐玄宗有一次从骊山回宫，身体突然不适，医治许久也无好转的迹象。某夜，玄宗在睡梦中梦见一大一小两鬼。小鬼偷了杨贵妃的紫香囊和玄宗的玉笛，绕着大殿奔跑；一大鬼追捉小鬼，捉住小鬼以后，即一口吃下。玄宗问大鬼何人。大鬼说："我即是屡次参加武举考不中的钟馗，发誓要为皇上斩除天下妖孽。"玄宗梦醒后病愈，就让吴道子按照他梦中的样子画一幅《钟馗捉鬼图》。

　　在中国，钟馗是一个老幼皆知的神话人物。据说，他本是唐初陕西终南山人，生得"豹头环眼，铁面虬鬓，相貌奇异"，是个才华横溢、满腹经纶的人物，平素正气浩然，刚直不阿，待人宽厚。在神话故事中，钟馗是一位捉鬼专家，鬼魂闻其声则逃之夭夭，人称钟馗爷，也被尊称为"镇宅真君"。民间一直流行张贴钟馗画像，以驱邪避凶。有趣的是，历史上不少文人墨客同样喜欢画钟馗。其中最著名的是元代画家龚开画的《中山出游图》，现在收藏

《中山出游图》，（元）龚开，现藏美国弗利尔美术馆

在美国弗利尔美术馆。

钟馗又和黑笔有何联系呢？早在 20 世纪 80 年代，就已经有学者指出了龚开的画作和托普卡匹宫册页中部分黑笔画之间存在着关联。最直接的证据，出自于龚开的一幅传世名画《骏骨图》。此画一扫前代画马丰腴彪悍的特点，反而"风鬃雾鬣，豪骨兰筋"。龚开的这一匹奇瘦老马恰巧和托普卡匹宫 H.2153 册页中所绘的一匹被怪物牵着的老马如出一人之手，皆瘦骨嶙峋，棱棱并露肋骨。和黑笔模糊不清的生平不一样，龚开是一个在中国历史上活生生地存在过的人物。他于 1221 年生于江苏淮阴。在元军伐灭南宋时，龚开虽已年过五旬，仍在闽浙一带参加抗元活动。1279 年，南宋被蒙古势力鲸吞，龚开隐居，以卖画为生。据说他"顾身逸气，如古图画中仙人剑客"。画如其人，他的画作仿佛透着一股"非人"之气。

在龚开留存至今的画作中，《中山出游图》是非常特别的一幅作品。此长卷画钟馗和他的小妹坐轿辇，率众鬼卒出游。卷中人物除钟馗外，小妹、侍女、小鬼共计 23 人。钟馗身着长袍、头戴软脚幞头，坐在两鬼肩舆中，正圆眼大睁，回望小妹。钟馗之妹和两侍女以浓墨代胭脂，"阿妹韶容见靓妆，五色胭脂最宜黑"。不过画中最吸引人

的，却是那群姿态各异、生动有趣的鬼卒们。这些"牛头马面"扛着卷席、酒坛，或挑着书担。这些鬼卒多瘦骨嶙峋、神态狰狞，或瞠目凝视，或举止怪异，却并不会让观者产生恐惧的心理，反而充满了独特的幽默感。

有关此画的隐含之意，一直有两种不同的意见。有人以为此作隐含了龚开在南宋亡国以后对元代异族统治者横眉冷对的态度；也有人根据画上的题跋，指出龚开是借唐明皇宠爱杨玉环而导致安史之乱的历史典故，表现了对南宋灭亡的反思。不过，说到这幅画，盖因其与托普卡匹宫册页 H.2153 的一幅黑笔画在构图与细节处颇有异曲同工之趣。这幅黑笔画位于该册页的第 164 和 165 页，尺寸极大，远远超过册页中其他的图像，很可能曾属于一幅卷轴的部分。画面最前方是两个长相奇异的怪兽，左侧一位长着猫耳，顶着鹿角，右边那位则像是长着胡子的大象。他们的身体近似人形，却拖着毛茸茸的尾巴。两者共抬一顶华丽的龙头轿辇，轿子里坐着两个女子，看起来地位十分尊贵。紧接着这顶轿子的，是一组人数更多、规模更大的队伍。这顶极具中国风情的轿子上坐着三个人，两男一女，看其打扮非常近似伊利汗至帖木儿时期的波斯贵族；共有四个怪兽在抬着这顶有盖的轿子，他们都穿着短裙，用带子束在腰间。四人所抬的轿子看起来很像

抬轿的怪物一，H.2153

抬轿的怪物二，H.2153

中国式样，在轿子的装饰上，可以看到麒麟、祥云等中国装饰元素。画面再往后则是一组"肩扛箱子的怪物"，前后以金链相系，形同奴隶。

肩扛箱子的怪物，H.2153

一位中国艺术史家南希·斯坦哈特基于两者在特定细节、画面结构等方面的相似，提出这幅黑笔画最初的模本可能就是龚开的《中山出游图》。如果这个猜想成立的话，两者相似之处的确折射出了蒙元时期中国和波斯在艺术上的密切互动关系。考虑到两者在具体题材和风格上的差异，从龚开的《中山出游图》到册页中这幅鬼怪行进图像，绝非一蹴而就，必然是经过一个较长的历史过程的。尽管和《中山出游图》风格和题材类似的绘画在蒙元时期就已经从中国传入波斯，但可能要到更晚近的阶段（至晚到帖木儿时期），才真正对波斯画师们的创作实践产生了影响。

除了龚开的《中山出游图》，另外一幅令人印象深刻的元人钟馗画当数颜辉的《钟馗雨夜出游图》。此画描绘了钟馗在群鬼的簇拥下雨夜巡游的情形。画中七个鬼卒正击鼓簇拥钟馗夜游。仔细观察颜辉笔下的鬼卒，其意趣的确和黑笔有相似之处。和龚开相比，现存有关颜辉的资料少得可怜，甚至连他的籍贯都因史料匮乏而不能确定。他的生卒年亦不详，唯知其为宋末元初之人，大概和龚开同时。颜辉的画作，亦颇有奇异之处。元代文人画兴起，士人们酷爱以山水入画，然而，颜辉却并不属于士人阶层，只是元初一位画匠，故反其道而行，专攻人物、佛道，亦擅鬼怪，兼能画猿，甚至曾绘过壁画。有趣的是，颜辉"墙内开花墙外香"，作为职业画师的颜辉在中国画史埋没无闻，但由于其作品流传日本较多，反在日本受评甚高，对日本室

《钟馗雨夜出游图》局部，（元）颜辉，现藏美国克里夫兰艺术博物馆

町时代的绘画有较大影响。颜辉的两幅名作《蛤蟆仙人像》和《铁拐仙人像》被收藏在日本的知恩院。

颜辉的笔墨流入日本，并非偶然现象。中国艺术史家高居翰曾对此有过相关研究。在 12 至 14 世纪，曾有大批宋元绘画流入日本。这批作品的收藏者包括了幕府将军、知名僧人之属。当时，中日两国僧人之间交往频繁，不仅有日本禅宗和其他宗派的僧人往中国江浙等地名刹求法，也有中国僧侣赴日本传道。僧人们感兴趣的中国绘画不外乎传统宗教题材的道释画，如禅师肖像和佛道教题材的人物画像，颜辉的作品恰属此列。

蒙元时期，中国和波斯的关系应该较其与日本更为密切。有理由相信，此类流入日本的中国职业画师作品应有更多的机会从中国向西进入波斯。如颜辉一般的职业画师，往往并非中国文人青睐的对象。在元代文人画家当道的年岁里，他们常常得不到足够的重视，其后也少有中国本地的收藏家对他们的作品感兴趣。但是，在域外，如日本或波斯，他们的画作反成了最受追捧的杰作。由于中国本地公认的名家之作不会轻易流传域外，就更使得只有如颜辉之流的画家作品才有机会流传出去。或许，正是在蒙元时期，颜辉（或那些不太出名的画家同行）的一幅《钟馗出游图》从中国流传到了波斯，从而启发了一位或一群波斯画家创作出了今天收藏于托普卡匹宫博物馆册页之中的黑笔画。

和托普卡匹宫册页中的其他一些中国风波斯绘画一样，黑笔画无疑带有蒙元时代中国和波斯文化交流的痕迹，但都应是蒙元灭亡之后的产物。在伊利汗国灭亡后，曾属于其宫廷的中国画成了被后世王朝竞相争夺的珍贵遗产，相当一部分最终进入了帖木儿王朝。在赫拉特的宫廷图书馆中，这部分材料被再次发现并使用。

从伊利汗王朝覆灭，到帖木儿王朝的兴起，中间经历的时间如同一个波斯艺术史上的发酵期，种种源自中国的视觉元素也许就在这百年间逐渐被波斯画师们吸收过渡，最终升华成费人思量的黑笔杰作。

第五章

观音在波斯

中国的观音菩萨像是如何进入 15 世纪的波斯画家笔下？答案就藏在托普卡匹宫博物馆的一份 15 世纪的波斯册页之中。帖木儿王朝时期，波斯和中国的文化交流绝不仅仅停留在单纯的器物层面，本章讲述的故事也不仅仅停留在纸上。伴随着双方交往的深入，一些更微妙的互动发生了：可以是图像，可以是传说，但更重要的是思想。从鱼篮观音到《升天记》中的天使，本章中的故事证明，波斯和中国虽相隔千万里，但这并不妨碍两种文明之间更深层的对话。

一

波斯的鱼篮观音

　　明代小说家吴承恩的《西游记》是一部脍炙人口的文学名著。故事中的唐僧历经艰难，带着三个徒弟前往印度取经。其中的第四十九回"三藏有灾沉水宅，观音救难现鱼篮"中，唐三藏又被通天河灵感大王掳去。据《西游记》的描述，这灵感大王"短发蓬松飘火焰，长须潇洒挺金锥。口咬一枝青嫩藻，手拿九瓣赤铜锤"，竟是一副半人半鱼的模样。他法力高强，呼来大雪使通天河结冰，差点就让一众水妖吃到了唐僧肉。危难关头，孙悟空前往普陀山观音道场向观世音菩萨求助。"只见菩萨手提一个紫竹篮儿出林"，到了通天河边，"菩萨即解下一根束袄的丝绦，将篮儿拴定，提着丝绦，半踏云彩，抛在河中，往上溜头扯着，口念颂子道：'死的去，活的住！死的去，活的住！'念了七遍，提起篮儿，但见那篮里亮灼灼一尾金鱼，还眨眼动鳞。"原来灵感大王本是观音菩萨莲花池里养大的金鱼，每日浮头听菩萨说经，竟修成手段，幻化作乱。

　　唐僧的危难解除了，但本文要讲述的故事才刚刚开始。《西游记》中这位"鱼篮观音"不仅为唐僧师徒解了围，而且穿越丝绸之路，来到波斯，出现在土耳其伊斯坦布尔托普卡匹宫博物馆编号为 H.2160 的一本波斯册页之中，实在令人感到惊奇！

　　H.2160 册页的来历至今尚未完全确定，一般认为它是伊朗历史上白羊王朝的阿古柏苏丹所作。和当时另一支重要的势力——黑羊王朝一样，白羊王朝的祖先是从中亚诸地迁移至美索不达米亚地区的土库曼人。白羊王朝的创始人乌尊·哈桑的祖父是帖木儿的支持者，曾随侍帖木儿出征。不过，随着帖木儿后人武功渐衰，乌尊·哈桑据地为王，建立了一个包括了伊拉克、法尔斯等重要省份在内的政权。阿古柏是哈桑之子，白羊王朝的第三位统治者，在位达 12 年之久。阿古柏算得上是一位太平天子，他的大部分时间都消磨在了与宫廷诗人的唱和之中。阿古柏的宫廷文化实际上已经彻底被帖木儿王朝同化，他的品位和帖木儿王朝的王子并无二致。

阿古柏的册页长 51 厘米，宽 35 厘米，共 90 页，其上共有 110 余幅绘画。这些图像不是画上去的，而是经人从别处裁剪得来，再贴到册页上去。册页中的不少绘画都带有明显的中国风格。其中一部分应该是中国画家所作，通过某种途径从中国辗转流入了阿古柏位于大不理士的宫廷。另外一部分则明显是波斯画家的仿作。一部分学者因此认为，这应该是一本宫廷画师们的素材集。画师们将来自各处（主要是中国）的绘画素材进行剪贴、整理，并加以临摹。这本册页中的许多内容在伊斯兰世界是绝无仅有的，它像是一个微缩的世界：透过艺术家的笔触，我们可以窥见 15 世纪的波斯宫廷对中国事物的理解。

这份册页的第 51 页中，制作者剪贴了一幅带有浓厚中国味道的绘画。尽管如此，其笔墨意趣透露出，此画明显出自一个波斯画师之手。图中立着两位身着华服的中国女子。我们先看看右侧的这位女子。她梳着精致的发髻，面如涂粉，眉目清秀，着一身深蓝色云纹服饰，腰间系着的嫣红飘带似随风而动，宛然一位中国古代美人图中的主角。细细端详，却可发现颇不同寻常的地方。这

鱼篮观音像，H.2160，第 51 页，15 世纪，伊朗，现藏托普卡匹宫博物馆

位中国美人的衣饰虽十分华丽，却脚不着履，赫然露出一双赤足，且右手往下指着，似在有意提醒观画者注意这一点。更令人称奇的是，她的左手提着一只精致的鱼篮，其中卧着一条浑身带着斑点的大鳜鱼。这么一看，她不仅不是一位恪守闺训的大家闺秀，倒更像一位刚刚涉水捕鱼归来的渔家女子。那么，这位波斯画师笔下的中国渔女究竟是谁？我们能否再在中国绘画的图像学传统中找到对应的人物？

稍熟悉中国佛教史的人都知道，那便是妇孺皆知的观音菩萨三十三应身之一──鱼篮观音。在佛教各种菩萨像中，观世音菩萨像的种类最多，大概与观世音有各种化身的说法有关。《妙法莲花经·普门品》当中提到，观世音菩萨有三十二种化身，因应众生的需要而现身说法。在民间，观音菩萨的形象又因为各地风俗的不同，演化出了更多的版本，一般以"三十三观音化身"笼统以称概括之。所谓的鱼篮观音就是这三十三种化身之一种。最早提出此画中人是鱼篮观音的，是日本的伊斯兰美术史家杉村栋。

观音为何会提着鱼篮？这只鱼篮又有什么象征意义？这便需要从鱼篮观音故事的缘起开始说起。根据中山大学周秋良博士的研究，鱼篮观音故事脱胎于唐代就开始出现的延州妇女的故事。据中唐时期李复言《续玄怪录》记载：唐大历年间，延州有一个纵淫的女子，"白皙颇有姿貌，年可二十四五"，人尽可夫，"与年少子狎昵荐枕，一无所却"，最终死去，人们把她葬在荒凉的道路边。后有一胡僧来到此女子的墓前，焚香敬礼赞叹，并告诉大家："斯乃大圣，慈悲喜舍，世俗之欲，无不徇焉，此即锁骨菩萨。"乡民们打开这位女子的坟墓，果真如胡僧所言，发现墓中人"遍身之骨，钩结皆如锁状"，众人始领悟菩萨为了救人于淫，以色设缘，作为方便法门，来传法布道。在随后出现的鱼篮观音故事中，观音为了教化世人，则化身为一位提着竹篮的美艳女子，以欲勾牵，引登徒子入佛道。

早在宋元时期，鱼篮观音就已经成为画家们青睐的观音画题材之一。元代著名书画家赵孟頫绘的《鱼篮大士图》，是保存下来较早的鱼篮观音图像。图中的观音虽然衣着朴素，不施铅华，却风姿绰约，甚至透露着妩媚之气。她散挽着一头乌发，冰肌雪肤，完全没有了在圣殿正襟危坐的威严。右手握一串佛珠，点明其身份，而纤纤左手则闲闲提着一只竹篮，内中可见几条小鱼。在《鱼篮大士图》中，观音虽着草履，仍显露了足趾，这一点和阿古柏册页中出现的"渔女"十分近似。在古代中国，女子足部被美称为"金莲"，绝不示人。赵孟頫笔下和阿古柏册页中出现的这一娇美风流的形象，很难说没有一丝性意味，这和最初的延州女子以色设缘的故事

《鱼篮大士图》，（元）赵孟頫，现藏台北"故宫博物院"

有异曲同工之处。阿古柏册页中的鱼篮观音，甚至故意伸手将观画者的目光引导至足部，更强调了这一点的重要性。创作此图的波斯画师显然是有意为之。从唐代的延州女子到阿古柏册页中的鱼篮观音，画家在创作鱼篮观音形象时都刻意突出其风流的美貌。

在《西游记》第四十九回中，观音的形象同样具有妩媚之态。孙悟空请观音来收服鲤鱼精，观音菩萨"懒散怕梳妆，容颜多绰约。散挽一窝丝，未曾戴缨络。不挂素蓝袍，贴身小袄缚。漫腰束锦裙，赤了一双脚。披肩绣带无，精光两臂膊。玉手执钢刀，正把竹皮削"。这样形容散漫的菩萨看得孙悟空慌忙跪下道："弟子不敢催促，且请菩萨着衣登座。"而菩萨倒也不介意，道："不消着衣，就此去也。"

就连八戒与沙僧看见了，也抱怨道："师兄性急，不知在南海怎么乱嚷乱叫，把一个未梳妆的菩萨逼将来也。"如此大胆传神的描写，令人咋舌。更出人意料的是，不待抓住妖邪，救出三藏，孙悟空师兄弟竟先召唤信众"来看活观音菩萨"。于是，一庄老幼男女，都向河边磕头礼拜。甚至，"内中有善图画者，传下影神，这才是鱼篮观音现身"。这段描写着实有趣——看客见了观音真身，竟然还希望"传下影神"，可见当时明代社会上必然充斥着大量鱼篮观音的画作，蔚为风尚。

鱼篮观音的故事在当时戏曲舞台上演出十分频繁，数部杂剧都是以鱼篮观音为主角，可见这个故事的流行程度。明代内府保留有《观音菩萨鱼篮记》杂剧，讲述了观音受释迦牟尼佛之命，和文殊、普贤等菩萨前去点化洛阳府尹张无尽的故事。故事中，张无尽贪恋荣华，而观音则再次化身为美艳的渔妇，以色相诱，拔其出脱欲海。另有《金渔翁证果鱼儿佛》，说的也是观音化为渔妇度脱凡人故事。阿古柏册页中鱼篮观音像的原型应是在这一社会背景下由中国流传到波斯的。它的笔墨意趣显然更接近明人风格，未见元代的痕迹。至于是通过何种途径，倒是一个值得探讨的问题。明人正史或私家笔记对此均不着一字，因此无从得知此类观音像是否曾作为外交礼物送抵波斯。不过，这似乎不太可能。就题材而言，鱼篮观音的故事带有浓厚的民间色彩，易于为普罗大众所接受，但未见得能受官方青睐。

既无信史可参，不妨胡乱猜测，此类民间流行的观音像倒很有可能是在华的波斯商人携至本国的。有稗官野史为证，晚明凌濛初的《拍案惊奇》第一卷"转运汉巧遇洞庭红，波斯胡指破鼍龙壳"，说的就是苏州人文若虚巧遇波斯胡商一夜暴富的故事。书中故事发生在明成化年间（1465—1487），破落书生文若虚跟随邻居张大等人漂洋海外做生意。归途中，文若虚上荒岛闲走，意外发现一只罕见的鼍龙壳，"却便似一张无柱有底的硬脚床"，一时觉得稀罕便带上船去。到得福建，入住一波斯商人开的大旅店中。那波斯商人识货，以奇价买下鼍龙壳，并一定让文若虚签了买卖合同，才说出鼍龙壳的珍贵，原来那鼍龙壳有二十四肋，脱壳后肋节内有珠，唤作"夜明珠"。文若虚虽让波斯商人讨了便宜，但自己也一夜致富，落脚闽中做了巨贾。

故事虽离奇不经，却提供了一则明中晚期波斯商人在华经商的材料。书中的这位波斯胡商名唤玛宝哈，此人在华多年，见多识广，"衣服言动都与中华不大分别"。他在福建经营一家接待海客的旅店，"专一与海客兑换珍宝货物"。待将文若虚的夜明珠到手后，才道出实情："只这一颗，拿到咱（波斯）国中，就值方才的价钱了。"《二刻拍案惊奇》卷三十六也讲述了另一个渔翁遇宝，转售波斯商胡的故事。此类故事荒不可考，多是唐人笔下商胡重宝传说的余续，不过，这一主题在明代中晚期流行文学中的重现，的确反映了当时的社会现实。终明一朝，自波斯来华的商团如缕不绝。明初的永乐皇帝"欲远方万国无不臣服，故西域之使岁岁不绝"。来华的西域使臣中，有相当一部分其实是趋利而至的商贾，他们不过打着朝贡的旗号，却行商贸之实。中国的丝绸、绢布和瓷器始终是中古时期东西方商贸交流的大宗。明朝从波斯至中国的商人，既走陆路，也行海路，乘风破浪，闯荡东西。玛宝哈之流当然是其中翘楚。

自明正统十四年（1449）的"土木之变"后，明朝转入了防御战略，不勤远略，对西域各国的往来不再如明初那般热络。此时国内又不时发生灾祸，远来"朝贡"的商旅已然成了额外的负担。朝廷甚至曾拒绝西域使臣来华朝贡。不过，商人重利，岂是几条禁令可以彻底阻断的？大概在 1500 年，就有一位名叫阿里·阿克巴尔的西域商人来到中国，还获准到了京城汗八里（即北京）。此时正是外国人入境困难之时，但显然并不能阻挡远行者的脚步。阿里·阿克巴尔在离开中国之后，还把他在中国的旅行见闻写成了一部书，叫《中国行纪》，献给了奥斯曼苏丹苏莱曼一世。有趣的是，他在旅行过程中格外注意了当时遍布中国各地的画院。

阿克巴尔发现，在中国各地，无论是大城市或小城镇，都有大大小小的"绘画展览馆"，陈列着奇特的画幅和作品。这些绘画展览馆，极有可能是明中晚期出现的画坊或画铺，在江南地区尤其常见。明中期以后，江南一带经济极为发达，商人们有钱亦有闲，品位也不俗，爱好收藏书画。当时有许多士人纷纷投入商海，以贩卖书画渔利，因此，一位外国旅行者应该不难在途中遇到画坊。阿克巴尔甚至对画坊出售的绘画颇有兴趣，他佯装责备的口吻描述道："中国绘画展览馆的缺点就是其中总有几张三头六臂、多头多面的画，不然该是很愉快、有趣和怡人的地方。"显然，这些"三头六臂、多头多面的画"正是佛教题材的画作。鱼篮观音之类在当时极为流行的佛教绘画大概就在其中。

阿克巴尔在明中国境内旅行达三个多月之久。根据他的描述，他是受命前往谒见中国皇帝的使臣，但却没有说出他究竟是受了哪位国王的委托，我们甚至不知道他究竟是哪里人。当时丝绸之路上活跃着大量和阿克巴尔类似的西域商人，以使臣的名义来到中国，再将中国的商品出口到中亚和中东一带。这种商贸关系显然是不对等的，中国实际上并不依赖任何一种西来的货物，而西域却万分需要来自中国的瓷器、丝绸和茶叶。因此，对于阿克巴尔等西域商人而言，熟悉中国情况自然是极为紧要的事。他的《中国行纪》一书记述了明代中国社会的各个方面，包括国家律法、宫廷礼仪、经济管理、历史地理乃至社会风俗。与其说《中国行纪》是阿克巴尔个人的游记，倒不如说它反映了当时来到中国的西域商人群体对中国的认知。

对于这类商人而言，中国绘画的价值不仅在其美感，可能还在其是一种了解中国的途径。英国东方艺术史家巴泽尔·格雷曾断言，在中世纪的波斯宫廷，"没有任何事物比一幅中国的绘画更珍贵"，即使此画并非名家真迹，毕竟也是来自遥远的中国，阿古柏册页中的观音像大抵即是如此。

二／石榴与鹦鹉

我们再来看与波斯鱼篮观音同一画面的那位女子。从绘画风格判断，两者应该是由同一位画师所画。她身着华服，较右立的鱼篮观音更多一份华贵骄矜之气，越发衬托出鱼篮观音的"懒散怕梳妆"。她面施胭脂，体貌丰润，情态端庄而不失娟秀。和鱼篮观音不同的是，她的左手举着一根树枝，上面结着一个石榴，右手持一只红嘴绿鹦鹉，似乎正拿着枝条逗弄鹦鹉。这位女子又是谁呢？

杉村栋先生指出，画中女子高耸的发髻应该是云髻的一种，在中国绘画中常用来表现宫廷女子或宗教人物。他在13—14世纪的中国壁画中发现诸多梳此类发髻的神祇。不过，和鱼篮观音一样，这位女子手中的象征物才是辨明其身份的关键。画中女子手持树枝，极似传说中观音手中的柳枝，因此可大致推断她应该也是观音的一种化身。不过，枝条上的石榴又是怎么回事呢？

石榴多果实，在印度，它是诃梨帝母的象征。在佛经故事中，她一般被称为鬼子母。鬼子母因痛失其子而心生愤恨，日日捕食他人之幼儿。佛陀闻悉，用慈悲心教化鬼子母，使其弃恶从善，成为守护幼儿的慈悲善神。不过，另有一种说法也将石榴和观音联系起来。三十三化身中的叶衣观音，手持之物中就有石榴。因为石榴形状圆满，如同宝珠，因此有施愿圆满的意义；因其果籽充满，可代表慈悲覆护众生。中国人说石榴"千房同膜，千子如一"，因此石榴在中国也有多子多福的寓意。民间婚嫁之时，常在新房案头或其他地方放上裂开果皮、露出果粒的石榴。尽管如此，在中国绘画中，却极少见将观音和石榴联系起来的图像。

阿古柏册页中，观音手握柳枝，枝上另结石榴，看来很可能是波斯画师的个人发挥。石榴又叫安石榴，本是从西域来，最早产自波斯及其邻近地区的山地，相传是汉时张骞从西域带到中国的。在伊斯兰前的时代，伊朗人将石榴视为丰产女神阿娜希塔的象征，常将女神表现为一位手握石榴的美女。尽管在伊斯兰化之后，这样的表现形式已经销声匿迹，但在伊朗民间，石榴仍然被视为生活甜蜜的象征。和中国的风俗相似，伊朗人在女儿成婚时，多在房中布置一篮火红讨喜的石榴。

正因为石榴常见，且寓意美好，画师在临摹来自中国的观音像时，难免技痒，便在观音的柳枝上另添了一枚石榴果。观音的柳枝，据考证原是古代印度的一种牙具，叫"齿木"。佛教徒注重威仪，爱好清洁，就用杨柳枝刷牙，或咀嚼枝条以清洁牙齿。柳条柔软，又被佛教徒视为慈悲的象征。因此，元明时期的中国画家们绘观音像时多将柳枝作为观音的法器。如此深刻的一层意义，显然难为临摹此图的波斯画师所理解。

同样，停在观音右手袖口的鹦鹉，很可能也是波斯画师对中国原型的再创造。此鸟毛色美丽，尾羽修长，唯有颈部和喙部呈鲜红色。令人不解的是，此鸟未被点睛，不知是画师有意为之，还是匆忙中未及画上。德国东方艺术史家罗樾曾认为此鸟应是一只被布遮住眼睛的隼。中亚或波斯素有驯服猛禽狩猎的传统，在驯化的过程中，需要遮住鹰隼的眼

波斯新娘和石榴，〔伊朗〕霍加图拉·沙基巴，当代

睛，以稳定它的情绪，保持其体力。不过，从画中鸟类的形态看，它显然应该是一只常见的红领绿鹦鹉。这种鹦鹉体型中等，叫声嘈杂，但毛色艳丽，通体翠绿或草绿色，唯颈部有一条环绕颈后和两侧的粉红色宽羽。

佛经中关于鹦鹉传说较多。在《阿弥陀经》中，西方极乐世界中有种种奇妙杂色之鸟，其中就包括鹦鹉，它昼夜六时，出和雅音。闻者皆悉念佛、念法、念僧。中国人最爱豢养鹦鹉当作宠物。美国汉学家谢弗在其经典名作《撒马尔罕的金桃》中专开一篇讲唐代流行的鹦鹉文化。据他考证，鹦鹉一直是唐代宫廷的宠儿，千姿百态、种类各异的鹦鹉从各地被作为礼物贡献给唐朝皇帝。尽管鹦鹉各色皆美，但中国人似乎格外偏爱白鹦鹉。杨贵妃就养了一只叫"雪衣女"的白鹦鹉作为宠物。据说，每每唐玄宗下棋将输之时，贵妃即遣雪衣女飞入棋局，"鼓翼以乱之"，替天子挽回颜面。

将白鹦鹉和观音直接联系起来的现象，大致应发生在明代。1967年，在上海嘉定的一座明代古墓中发现了一本明成化年间说书人的说唱本《新刊全相鹦哥孝义传》，其中的主角就是一只白鹦鹉。根据于君方先生的研究，这个15世纪的故事无疑是后来广为流传的《鹦哥宝卷》的基础。唐朝陇州西陇县的一只白鹦鹉灵慧异常，不仅能诵经，还会做诗。不幸的是，它的父亲到花园采水果，被猎人射杀，母亲双眼也被射瞎。年轻的鹦鹉为了抚慰哀痛的母亲，飞去采撷荔枝，却又不幸被猎人捕获出售。买它的主人要求鹦鹉以画在屏风上的白鹭鸶为题吟一首诗，它就顺口成章地吟出："鹭鸶生来像雪团，却在屏风后面安，有翼要飞飞不得，看来共我一般般。青丝细发一捻腰，行来好像顺风飘，背后只少三根竹，便是观音不画描。"自此，鹦鹉的诗名一时大噪，却又一次给它带来了不幸的命运。当地刺史听闻这只白鹦鹉的奇异之处后，便想尽办法得到这只鹦鹉，将它当作贡品献给皇帝。鹦鹉被带到皇宫，在皇帝面前展露它做诗的才华，得到皇帝的赞许。但白鹦鹉仍然要求回家侍奉母亲。回家之后却发现，母亲已去世了。它悲痛异常，举行了一场隆重的葬礼以尽孝道。观世音菩萨感念白鹦鹉的孝心，接引它的双亲往生净土极乐，同时将白鹦鹉带到南海，留它做自己的侍从。

此类流行故事在当时的绘画上也有所体现。始建于明朝正统四年（1439）的北京法海寺明代正殿佛像背后有一幅水月观音的壁画。观音面目端庄如月，身披轻纱，花纹精细，似飘若动。位于水月观音像左上部的正是一只白鹦鹉。鹦鹉雪白莹润，令人见之忘俗。对于明代的中国人而言，鹦鹉的毛色似乎是件十分重要的事情。除了《新刊全相鹦哥孝义传》中"生来像雪团"的纯白鹦鹉，在《善财龙女宝卷》中，观音收服的也是一只白鹦鹉："菩萨站在鳌头之上，善财脚踏莲花，冉冉竟往紫竹林而来，又见，白鹦鹉口衔念珠从空飞来迎接菩萨。"但是，阿古柏册页上观音像的绘者显然对这一细节无动于衷，尤其对白鹦鹉在佛教文化中独特的象征意味不甚了然，因此，当他创作此像时，想当然地画上了一只波斯人更熟悉的绿鹦鹉。可是，他对这一象征物的误读，却改变了画作原本的寓意。

波斯文化中的鹦鹉形象与中国的白鹦鹉大相径庭。在波斯诗歌中，学舌的鹦鹉常常象征着肤浅的模仿。13世纪的苏非派神秘主义诗人鲁米的诗集《玛斯纳维》中就讲述了一个关于鹦鹉的故事：某杂货商有只绿毛鹦鹉，

水月观音像，法海寺，北京

能说会道，歌喉婉转。它每天在店里帮忙应酬，时时和顾客谈天说地，看似颇有头脑，已然超越了学舌的水平。某天鹦鹉无意将油瓶打翻在地，杂货商回家发现之后气得把它打成了秃头。鹦鹉于是不再说话。杂货商看着沉默的鹦鹉，心生悔意，尝试了无数方法希望它能再开口，却都失败了。有一天，一个秃头的男人来到店里，鹦鹉一见便冲他叫嚷道："喂! 某某，你为何成了这等秃瓢? 难道你也把油瓶打倒?"众人一听便哄堂大笑，原来鹦鹉以己度人，以为可以从自己的情况推断他人。鲁米用这个故事来谴责那些盲目模仿苏非圣人的轻狂之徒，指责他们在行为举止上刻意做作，却不理会圣人们精神上的追求，依样画瓢，仅仅是表面功夫，"内心失明他们不觉，二者之间天差地别"。故事中的鹦鹉说话像模像样，也不过是肤浅的模仿。

在另一位更早的苏非派诗人阿塔尔的作品《百鸟朝凤》中，鹦鹉的形象同样不佳。《百鸟朝凤》讲述了众鸟前往中国寻找传说中的凤凰（斯穆格）的经历。路途遥远，唯有越过七座山谷才能到达目的地。《百鸟朝凤》是一部象征之书，充满了神秘主义的隐喻。故事中的每一只鸟类代表了某一种道德的缺陷。其中，鹦鹉半途而废，放弃追求真理，转而寻求长生不老之泉。

在波斯文学中，鹦鹉也会以故事讲述者的身份出现，这和鹦鹉擅长模仿学舌的技能相关。在此类故事中，鹦鹉常常和女性联系在一起。其中最典型的当数14世纪出现的《鹦鹉之书》。《鹦鹉之书》改编自一部印度的梵文寓言集《鹦鹉的五十七则故事》。和许多流行于伊斯兰世界的故事书一样，《鹦鹉之书》同样采用了连环套的结构，通过讲述者之口展开新的故事。故事的女主人公霍加斯塔的丈夫买努斯外出经商，留下她一人独守空闺。为了防止妻子做出有违妇道的行为，买努斯在离家之前给霍加斯塔留下了一只八哥和一只鹦鹉。八哥对霍加斯塔喋喋不休，告诫她不可耽溺于不道德的行为。霍加斯塔不耐八哥的说教，就把它掐死了。鹦鹉见状，知道大事不妙。为了避免遭遇和八哥同样的命运，它决定打迂回战术。鹦鹉开始每晚给霍加斯塔讲一个奇妙的故事，深深地吸引住她的注意力，让她可以安守在家。就这样，鹦鹉的故事一讲就讲了 52 个夜晚。

《鹦鹉之书》属于一种被称为"王子之镜"的独特文学类型。它通常是为身居上层的王孙贵族所作。此类作品通常采用寓言的形式，使阅读者在娱乐之后明白一个道理。《鹦鹉之书》的目标读者显然应该是居于深宫的宫廷女性。在每个故事的结尾，鹦鹉总是回

鹦鹉向霍加斯塔讲述第 45 个故事，《鹦鹉之书》抄本，1565—1570，莫卧儿印度，现藏美国弗利尔赛克勒美术馆

到劝谏妇女恪守妇德的主题，向它的听众提出一条身为女性应该明白的道理。不知阿古柏册页观音像的创作者是否将他笔下的人物理解为一位需要鹦鹉规劝的贵族妇女？如果真如此，这的确是丝绸之路文化交流中的一次有趣的误会。

三

观音与多头天使

中国观音形象进入波斯的故事，还远未结束。

伊斯兰历 7 月 27 日的夜晚，先知穆罕默德在睡梦中被天使吉卜利勒唤醒。吉卜利勒告示他，现在已经到了夜行登霄的时候。穆罕默德骑上有翼的神兽布拉克，跟随吉卜利勒从麦加飞行至耶路撒冷。在耶路撒冷，他遇到了许多先知，并带领他们做了祈祷。从耶路撒冷，他飞升至七重天堂，每一重天堂各有其名，各不相同。在天堂里，他遇到了更多的先知，以及不同外形的天使。直到升至最高重天，他终于见到了真主，并受到真主的启示。真主让穆罕默德见到天堂和火狱的真实景象。在天堂，穆罕默德见到了奇妙的美景。

这就是伊斯兰教中先知"夜行登霄"的故事。最初的版本来自《古兰经》中的几处章句，随后这个故事在不同文本中不断完善细节，内容也越来越具体。"夜行登霄"的故事对于穆斯林而言具有绝对重要的宗教意义，对这个故事的阐述逐渐形成了一种特定的文学类型，统称为《升天记》。《升天记》历来版本众多，且因各家宗教观点的差异而各有不同的阐发。最早用波斯语写作《升天记》者是著名的学者伊本西拿，随后则编写者不断。大约在 1436 年，帖木儿宫廷的画师和书法家们为帝国的第二位君主沙哈鲁

天使吉卜利勒带领穆罕默德遇到先知们，《升天记》抄本，1436 年，赫拉特，现藏法国国家图书馆

创作的一本十分奇异的《升天记》版本，堪称前无古人，后无来者。

在沙哈鲁的《升天记》抄本上，出现了许多奇妙而美丽的天使形象。天使是伊斯兰教信仰中重要的一部分。《古兰经》将信仰天使列为穆斯林的六大信仰之一。伊斯兰教中的天使是真主用光创作出来的，因此如光一般纯洁。他们无形，且无自由意志，只听凭真主的差遣。天使们各司其职。吉卜利勒是天使长，真主通过他向先知降示了《古兰经》；米卡伊来是宇宙万物的掌管者；伊斯拉菲勒是世界末日和复生日到来时的吹号者；而阿兹拉伊掌管着人物和一切生灵的生死。除此之外，还有无数其他的天使。他们管理着天园，遍布天上人间，成为真主与人类沟通的使者。在沙哈鲁的《升天记》抄本中，天使长着人形，只多了一对绚烂夺目的翅膀。他们衣饰富丽华美，穿行于云中，显得超凡脱俗。

在《升天记》插图上，沙哈鲁的宫廷画师描绘了一个多头天使。根据《升天记》的文本，他是一位掌管祈祷的天使。这位天使身形巨大，长着共70个头，每个头上共70张口，每张口内共70条舌，用70种不同的语言唱诵对真主的礼赞，他的礼赞从白昼到黑夜永不停歇。这样的天使形象在中东地区的宗教中并非伊斯兰教特有。犹太教的传说中就描述了摩西在天堂中见到天使梅塔特隆的情景。梅塔特隆有七万个头，每个头有许多张口，每张口有许多条舌，每条舌都在赞颂神。不过，尽管多头天使在宗教传说中并不罕见，但在15世纪之前，中东地区从未在绘画上对其形象有过具体的描绘。

沙哈鲁的《升天记》第一次极富创造性地真正表现了多头天使的形象。这对15世纪帖木儿王朝宫廷的画师们来说是一项不小的挑战。在这部《升天记》抄本的插图中，穆罕默德骑坐在布拉克上，大天使吉卜利勒双手指向左侧，向先知指示多头天使。多头天使呈站立的姿势，双手交叉放置胸前，表示他正在聆听对方的谈话。他的翅膀五色

穆罕默德见到多头天使，《升天记》抄本，1436年，赫拉特，现藏法国国家图书馆

缤纷，十分耀眼。他的服饰和一般的天使稍有不同，肩上佩戴着的云肩是中国典型的四合如意式样，而非一般天使身上常见的开领。画师似乎有意给多头天使增添几分中国韵味。最令人印象深刻的当然是他奇异的头部。画师对这一细节格外加以强调，显然很清楚这一形象对观看者可能造成的强烈视觉冲击。他的主面与身体呈正常的比例，其上的小面尺寸较小，如同花蕾一般排列至五层。画师一定非常得意于这一形象的创造，因此多头天使在这部抄本中至少出现了三次。不过，波斯的画师并非这一形象的原创者。它的源头需要在东方寻找。

克里斯蒂亚娜·格鲁伯认为，这种多头形象很可能是受到佛教图像学的启发，最直接的关联就来自观音的造像。在传入中国之前，观音在印度仅仅是佛教众菩萨之一，且其造型一般以男身出现。自佛教传入中国后，观音崇拜成为中国佛教中极为突出的现象。在唐代以前，观音的造型仍多以男性形象出现，但在其后的造像中，观音更常以柔美的女性形象出现。自7世纪中叶起，受到印度教的影响，密教观音，也称变化观音，在西域和中国越来越流行。弗吉尼亚大学的王静芬教授对此有专文详述。密教观音通常有多首多臂，称为变化身。对应佛教六道众生的概念——地狱、恶鬼、畜生、阿修罗、人、天，中国出现了拯救六道众生的六观音之组合，即圣观音、十一面观音、不空绢索观音、千手千眼观音、如意轮观音、马头观音和准提观音。这些变化观音多以多头、多面、多眼、多臂的形态出现，不过具体的形制又各有差别，相互影响，在不同的时期又出现变异。

沙哈鲁《升天记》抄本中出现的多头天使并没有多臂多手，在视觉形象上，它最接近的应该是较为早期的十一面观音形象。现存汉译佛经中最早的十一面观音经译本，是北周时期耶舍崛多所译《佛说十一面观世音神咒经》，其中描述了十一面的样式，分别是三菩萨面，三嗔面，三出牙面，一尊大笑面，顶上一面作佛面。观世音左手把净瓶，瓶口出莲花；展其右手以串璎珞施无畏手。中国国家博物馆的李翎博士认为，观音十一首的排列方式存在两类不同的系统，一类是十一面横向排列，即冠式，指的是主面和身体呈正常比例，而诸小面如花冠饰物般排列于主面之上或其侧；另一类是十一面垂直纵向排列，即锥式。《升天记》中的多头天使多首的排列属于后者。它的头面不断向上排列，排列的层数达到五层之多，高高地立于主面之上。

但是，多头天使显然和密教的十一面观音像有着许多不同之处。《升天记》抄本中的天使主面之上多首特征远比常见的十一面观音更为惊人。仔细观察将会发现，天使除了主面之外，从下至上第一层头部数量为三，第二层为五，第三层为六，第四层为八，最上层为十，共计三十一个头，大大超越了标准的十一之数。天使的多首造型在形状上也不同于十一面观音。常见纵向排列的十一面观音像的多首多造型以渐变的方式形成塔柱形，底部和中间的小面数量稍多，最上层则仅有一个小面。敦煌莫高窟第334窟东壁的十一面观世音坐像就以三—二—三—二—一的垂直排列方式表现其多首形象，观音的坐姿同样呈近似三角的姿态，因此尽管造型奇崛，但整体的视觉效果仍然十分和谐。而《升天记》的多头天使却与此大

十一面观音像，敦煌莫高窟第334窟东壁门北

相径庭。他的多头造型形成扇形的结构，从主面如辐射一般地不断向上层累叠加，直到突破页面上画框的位置，一直延伸到文字部分。整体看来十分突兀，但这可能正是《升天记》的制作者希望达成的效果。唯有如此惊人的形象，才能唤起阅读者的兴趣。和阿古柏册页中的观音像一样，波斯艺术家在《升天记》中很有可能借鉴了来自中国的原型达成他需要的效果。

我们强求多头天使造型的确切来源可能是徒劳的。就观音形象在中国的发展本身而言，元代以后，不同变化观音的造像之间逐渐相互影响，开始使用共同的视觉元素。十一面观音和千手千眼观音的造像就越来越混合。十一面观音的形象由初期的二臂变化为四臂、六臂、八臂乃至千臂，而千手千眼观音的形象则从一面而化为三首、五首、十一首乃至百万首。绘制《升天记》的画师显然有许多途径得到十一面观音或千手千眼观音的多头造型。甚至，他极可能曾亲眼观摩过流行于中亚和中国的观音等佛教题材造像。

在伊斯兰教兴起之前，波斯曾是佛教传播的重要地域之一。但是，自 7 世纪阿拉伯人征服萨珊王朝之后，波斯就逐步开始伊斯兰化。这个过程并非一蹴而就。波斯历史的另一大转折点，则是发生于 13 世纪的蒙古征服。佛教在蒙古征服之后的波斯的命运，一直是历史学家们极感兴趣的问题。在今天伊朗西北部，有三座石刻建筑的遗存被认为是伊利汗时期的佛教建筑遗址，但除此之外，似乎没有别的痕迹可以证明佛教曾在波斯存在过。但在伊利汗国早期，佛教曾在汗国内拥有大量受众。汗国的前几位君主都曾是佛教徒。在《史集》中，拉施特记载道，在伊利汗时期共有 11 种阿拉伯语的佛经译本在伊朗流传，包括大乘佛经《观无量寿经》、《庄严宝王经》以及在西域流传甚广的《弥勒受记》。

然而，1295 年，即忽必烈死后一年，合赞汗改宗伊斯兰教，似乎为佛教文化在伊朗的命运画上了一个休止符。在确立其政权基础之后，合赞汗颁布的第一个法令就是销毁在其领土范围内的每一个非伊斯兰教建筑，其中包括位于大不里士、巴格达及其他地域的佛寺。这无疑对佛教在伊朗的传播起到了毁灭性的打击，大批僧侣及信徒从伊朗迁居至中亚、中国西藏及中原地区。然而，在伊利汗王朝灭亡后，我们透过蛛丝马迹，再一次看到了佛教文化从中国到波斯的传播。阿古柏册页和《升天记》抄本中形形色色的观音像就是证据。

接下来讲述的，是帖木儿王朝历史上一次最有名的外交活动，或许可由此窥见伊利汗朝之后的波斯对佛教的兴趣。1419 年，沙哈鲁派遣使者出使大明王朝的首都汗八里

（即北京），谒见中国永乐皇帝。这次出使是为了回应明朝于1413年派出的由陈诚和李暹领队的中国使团造访沙哈鲁位于赫拉特的宫廷。沙哈鲁极其重视此次遣使中国，他的五个儿子也悉数派出了各自的使臣。但王子米儿咱·白松虎儿没有把代表他出使的任务交给普通的商人或朝臣，而是委托给了一位有着画家头衔的人，即火者·盖耶速丁·纳加昔（意为画家）。白松虎儿命令盖耶速丁写一部完整的游记，从出发一直写到回程。

盖耶速丁极为出色地完成了这个任务。他随庞大的使团于1419年2月24日（伊斯兰历822年11月6日）从哈烈出发，于1423年8月18日（伊斯兰历825年9月2日）返程，相当详细地记录了从波斯到中国一路的见闻。可惜的是，这部珍贵的日记已经散失，只有部分内容保留在其后的两部帖木儿时期的史书《历史精华》与《两颗福星的升起和两个海洋的汇聚》中。所幸两部史书离盖耶速丁的年代并不算久远，所以和原作的差别应该不会太大。在盖耶速丁的记录中，他数次提到使团经过今天中国新疆以及甘肃等地的佛教寺庙。这些精美的佛教建筑艺术给帖木儿朝的使臣们留下了深刻的印象。

在穿过中亚的高山隘路和荒漠大碛后，沙哈鲁的使团于1420年7月2日（伊斯兰历823年6月29日）终于到达吐鲁番。他们行进的应该正是丝绸之路的北道，即穿越伊犁河后，沿着天山北麓进入乌鲁木齐和吐鲁番。盖耶速丁发现，吐鲁番的绝大多数居民都是"偶像崇拜者"，即佛教徒。吐鲁番有几座规模宏大的寺庙，其中的一座寺庙内供奉着释迦牟尼像。尽管吐鲁番自14世纪晚期就开始逐渐伊斯兰化，但在盖耶速丁到来之时，吐鲁番境内尚未出现清真寺等伊斯兰教建筑，这座城市显然仍是丝绸之路上的佛教文化中心。盖耶速丁一行人在离开吐鲁番城之后，还经过了紧邻的哈剌和卓。哈剌和卓是西域古国高昌回鹘的所在地。回鹘人曾在丝绸之路上大力推行佛教信仰，

位于吐鲁番市郊的伯孜克里克千佛
洞中就保留了大量高昌回鹘王国赞
助的壁画，其艺术成就极高。盖耶
速丁到达吐鲁番之时，离高昌回鹘
时期其实并不遥远。他是否曾亲临
千佛洞，近距离地观赏洞窟之中千
姿百态的经变、佛菩萨像呢？

　　约过吐鲁番之后，使团继续前
进，抵达柯模里城。柯模里就是汉
文中的哈密。明初，永乐皇帝在哈
密封王设卫，哈密自此开始向明朝
纳贡。不过，当地的直接统治者仍
然是察合台的后裔。根据盖耶速丁

誓愿图，伯孜克里克千佛洞第20窟，
9世纪，由勒柯克掠至德国，于二
战中被毁

的日记内容，哈密的伊斯兰化程度甚于吐鲁番，因为他注意到，哈密
城中有一座宏伟的清真寺。但是，在清真寺对面矗立着一座规模很大
的佛寺，寺内有许多佛教塑像，其中有一尊精美的铜像，尺寸近似一
个10岁的孩童。庙宇的墙上绘有大小不一的壁画。盖耶速丁显然对
这些壁画中的人物和场景非常吃惊，在日记中，他用"奇形怪状"一
词来形容他的所见。虽然他没有详细描述壁画内容，但是我们可以想
见，这些壁画中应该包括佛、菩萨和罗汉等佛教人物形象。

　　在甘州（今张掖），波斯使者们又遇到了另一座恢宏的佛寺。盖
耶速丁描述道，这个庙宇的中央有一座佛殿，内塑一尊巨大的卧佛。
围绕着这尊佛像的，是身形和真人相当的比丘像，制作栩栩如生，以
至于人们把这些偶像当成是真正的活人。盖耶速丁再次注意到了庙宇
墙壁上的壁画，他将其形容为"能使全世界的画家们都感到震惊"。
盖耶速丁相当震撼于这座寺庙的艺术成就，因此，他的日记中对此留

卧佛，大佛寺，张掖

下了十分详尽的描述。我们可以肯定，他描述的正是张掖最著名的大佛寺。大佛寺位于今张掖市内西南隅，始建于西夏，原名迦叶如来寺，明永乐九年敕名宝觉寺，因寺内有巨大的卧佛，故又名大佛寺。在张掖城内，唯有大佛寺举世著名的佛涅槃像可以对得上盖耶速丁的描述。张掖是丝绸之路上的关键一站，其大佛寺也极具名望。早在盖耶速丁参观之前，蒙古时代的大旅行家马可·波罗也曾造访过这座寺庙。

盖耶速丁对巨大的卧佛充满兴趣。他记录道，大佛通体涂金，披着五颜六色的彩衣和服饰。其姿态独特，一手支头，另一手放在他的腿上。成群的信众前来膜拜。盖耶速丁在日记中明确地注明，这尊佛像是释迦牟尼佛像。他造访大佛寺的年份为永乐十八年（1420），此时大佛寺刚刚结束长达八年的重修，盖耶速丁一行人看到的，应该是重修后的景观。可以想见，此时卧佛必然金碧辉煌，炫人眼目。从他准确的描述中可以看出，盖耶速丁对佛教有基本的了解，释迦牟尼的名字对他并不陌生。事实上，伊利汗合赞并未摧毁所有关于佛教的知识。至少，拉施特在主持编撰《史集》时，就收录了《佛之生平与教言》一章。在他的百科全书式的世界史著中，拉施特专门提到了一位来自喀什米尔的僧人。《史集》中关于佛陀生平的内容都是出自他的口中。为了方便穆斯林理解佛教知识，拉施特将佛陀和印度教神祇如湿婆和毗湿奴等类比为历史上的众先知，而摩罗则被类比为伊斯兰教中的恶魔。《史集》中对佛陀生平的记录，应该就是盖耶速丁等后人对佛教知识的来源。

15世纪初期，沙哈鲁在经过帝国内部一系列的权力斗争后，终于确立了他的王权。他选择了呼罗珊省的赫拉特作为新的王城。在他的宫廷图书馆中就收藏了拉施特的《史集》。显然，作为图书馆一员的盖耶速丁很可能曾翻阅过《史集》。这绝非凭空猜测。沙哈鲁宫廷中最著名的历史学家之一哈菲兹·阿不鲁就效法了他的前辈拉施特，写了一部叫《历史集成》的书。哈菲兹·阿不鲁的史家之笔从亚当开始写起，一直到他自己所处的时代15世纪早期。在《历史集成》中，他直接引用了拉施特《史集》中的大量内容。《佛之生平与教言》的文字部分也在其中，哈菲兹·阿不鲁对释迦牟尼生平的著述从佛陀之母摩耶夫人的梦境开始，一直到佛陀涅槃为止。在一部完成于1425年的《历史集成》抄本中，惊人地出现了一幅表现佛陀涅槃的插图，而且，其表现形式和拉施特《史集》各抄本的插图是截然不同的。

根据《史集》的文本，佛陀来到居尸那罗，"不久，他（佛陀）的生命的尽头将至，他的生命之舟在风暴起伏的巨浪中沉没。在那座城市中，一座纯由水晶制成的

释迦牟尼涅槃，《历史集成》抄本插图，1425，赫拉特，现藏美国洛杉矶县立艺术博物馆

圆顶建筑立刻拔地而起。释迦牟尼走进这座圆顶建筑，在那里，他如一头狮子一般入睡。由于水晶是透明的，人们在外面看到他在那里。（这座建筑）没有入口，之前（为佛陀）打开的门现在已经关上了。突然，（人们）看到一道光柱从圆顶的顶端升起。"对于中国人来说，这个故事的版本显得相当怪异。不过，前文曾提到，拉施特是从一位喀什米尔的僧人那里获得其关于佛教的知识，因此《史集》中记录的佛陀生平故事版本和我们熟悉的汉传佛本生故事有不少的差异。尽管如此，故事的梗概仍是一致的。奇怪的是，在一部 14 世纪早期完成的《史集》抄本插图中，伊利汗时期的画师几乎完全无法理解何为"涅槃"。他在抄本中描绘了一座带有圆顶的建筑以对应文本中提到的水晶圆顶，而画面中的佛陀仅仅是坐在这座建筑之前。如果不阅读文本，读者完全无法了解插图表现的内容。

到了 15 世纪《历史集成》的插图中，情况却发生了巨大的转变。在插图中，沙哈鲁的画师并没有表现出最后那道象征佛陀进入涅槃之境的光柱，因此，这幅场景描述的应该是涅槃前的一刻。画师忠实地再现了文字描述的场景：佛陀静穆地躺在透明的圆顶建筑中，一群印度人——他们的肤色较深——则围绕着这座建筑。伊斯兰艺术史家希拉·坎比提出，这幅插图至少有两点值得注意的地方。首先，插图中那座建筑在形制上明显和帖木儿当权时期在撒马尔罕建立的圆顶建筑十分接近。这应该就是画师在表现文本中描述的"水晶圆顶"时最直接的当代模型。帖木儿时期的圆顶建筑往往较伊利汗时期的建筑更高耸，但体积上却更窄，形成强烈的视觉观感。创作《历史集成》插图的画师显然对这一建筑特点十分了解。在这幅插图上，现实和传说微妙地调和了。

第二个不同寻常之处是释迦牟尼涅槃时的姿势。此前的《史集》插图中佛陀端坐的形象不见了，因为这显然完全不符合传统对佛陀涅槃的叙述。在沙哈鲁宫廷画师的笔下，佛陀涅槃时，他的左肘弯曲，左手枕在脑后，而右手则安放在胸前。这个姿势不符合中国传统对佛陀涅槃姿势吉祥卧的表现。不过，如果将这个帖木儿时期的版本和更早的伊利汗版本对比，无疑沙哈鲁的宫廷画师对中国的传统更为了解。在中国传统中，相关的绘画和塑像往往会强调佛陀涅槃时自然安详的线条，而这一点在《历史集成》的插图中也尽力表现出来——尽管效果并不尽如人意。

为何时隔百年，15世纪的波斯画师突然比他的伊利汗前辈前进了一步？究竟是什么促使他恍然大悟？笔者认为，一个直接的影响正是来自中国，而我们故事的主角盖耶速丁很有可能是传递者。制作这部《历史集成》抄本的时间是1425年，距离盖耶速丁等波斯使者从中国归来的1423年仅仅只有两年。当波斯使团从中国返回后，必然会成为当时宫廷中的一大新闻。《历史集成》的作者哈菲兹·阿不鲁是否认识盖耶速丁呢？答案是肯定的。哈菲兹·阿不鲁曾是帖木儿的侍从，他的棋艺精湛，在宫廷中颇受欢迎。帖木儿死后，他又成了沙哈鲁的近臣，从此一直生活在赫拉特的宫廷中。15世纪的赫拉特是呼罗珊省乃至整个伊斯兰世界东部的明珠，吸引了许多当时的文人雅士聚集于此。哈菲兹·阿不鲁和盖耶速丁就是在沙哈鲁的宫廷中相识，两人显然就盖耶速丁从波斯到中国的旅行经历做过细致的讨论。事实上，我们今天仍有幸读到盖耶速丁的日记，倒要感谢哈菲兹·阿不鲁。最早有意识地使用盖耶速丁旅行日记的人，正是哈菲兹·阿不鲁。在他专门献给三王子白松虎儿的一部叫《历史精华》的书（或章节）中，哈菲兹·阿不鲁将盖耶速丁的行纪加以概括，收录入他自己的著作。我们知道，派遣盖耶速丁前往中国的人，正是白松虎儿。

哈菲兹·阿不鲁应该并没有大量删改盖耶速丁本人的记录。他在序言中说道："盖耶速丁大师恰好写了一部游记，从他于哈烈（赫拉特）出发一直写到返程，详细地描述了道里、城邦、古迹、王统以及他亲眼看到的所有奇迹。"在文中，他将盖耶速丁称为白松虎儿王子的"心腹"，更称赞他"不带任何宗派态度和偏见"。可以想见，当哈菲兹·阿不鲁准备为自己的著作《历史集成》抄本搭配插图之时，见多识广的盖耶速丁很可能是他愿意参商的对象。可以大胆猜测，正是在这个过程中，中国张掖大佛寺的卧佛形象进入了赫拉特的波斯文人和画师们的视野中。

盖耶速丁的故事还远未结束。在他在从甘州到北京的途中，还经过了今天河北省石家庄市的正定县。在他的日记中，正定是使团到达北京之前最后的重要一站。正定究竟有何奇观值得如此大书一笔呢？给盖耶速丁最深印象的仍然是一座大佛寺——正定的龙兴寺。龙兴寺始建于隋代，此后一直备受各朝帝王的青睐，多次重修增建，被后来中国古建筑专家称为"京外名刹之首"。根据他日记中提供的日期，盖耶速丁到达正定的时间是这一年的12月3日，随后于12月14日清晨抵达北京城门。换言之，他们一行人在正定停留的时间至多一周。即使在如此短暂的时间内，盖耶速丁也没有耽误他对当地古佛寺的探索之旅。关于龙兴寺，他记载最详的是一尊"铜佛"。

盖耶速丁写道："佛寺中竖立一尊佛像，用铜铸成，全部涂金，看来就像是用实金铸制，高为五十腕尺。它的肢体姿态匀称。在这尊佛像的四肢上有许多只手，每只手的掌心中有一只眼。它叫作千手佛，这在全中国都是驰名的。先是起一座用整齐石头砌成的大而坚固的底台，把这尊佛和整个建筑置其上。佛像四周有大量的柱廊、望楼和房间、几级顺着一个方向的阶梯，其第一级略高于佛像的脚踝，第二级不到它的膝，第三级超过膝盖，而第四级到它的胸，如此直到头部，整个结构是精工制作。然而，建筑物的顶盖成圆锥形，并且盖得使人们惊异。共计有八层，围着第一层，人们能够在建筑物的里面和外面走动。这尊佛像是站立姿势，它的各长十腕尺的足，站在用金属铸成的台座上。据估计，铸这尊佛至少须用十万头驴子驮的黄铜。"

盖耶速丁的描述相当准确可靠。到过龙兴寺的游客可以根据他的描述

千手千眼观世音铜像，龙兴寺大悲阁，河北正定

立刻知道这尊铜像的实际出处。它就是位于寺北大悲阁内的一尊铜铸的千手千眼观音像。大悲阁建于宋乾德初年。阁内矗立的观音铜像高19.2米，立于2.2米高的须弥石台上，是中国保存最好、体积最大的铜铸观音菩萨像。此尊观音像法相庄严，衣袂翩然，宝珠璎珞，美不胜收。铜像共有42木臂，分别执日、月、星、辰、裳带、香花、宝剑、宝镜、银拂尘等法器。这显然是后来重修被替换的部分，因为盖耶速丁明确提到铜像每只手掌心内各有一只眼，可见盖耶速丁在永乐年间所见的是一尊标准的千手千眼观世音像。

盖耶速丁的日记总体较短，而以如此长的篇幅对一尊铜像进行集中的描述，几乎是绝无仅有的，可见这座观音像对他的震撼之强烈。他的描述十分精准，充分显示了他作为一位艺术家的素养。如同一位专业的建筑家，他对铜像的每一个部分进行了观测，甚至极有可能向当地人打听过铜像的具体制造方法，否则难以估算出所需的铜用量。可见，他的确做到了哈菲兹·阿不鲁所称赞的"不带偏见"。而同行的其他使臣也和他一般，非常珍惜这个来之不易的游览观看中国的机会。在谈及龙兴寺的观世音铜像时，盖耶速丁提到同行的波斯使者们对如此这般的艺术"赞叹不已"，甚至曾在大悲阁中里里外外地

反复观看。

　　在旅行开始的阶段，当他对吐鲁番等地所见的佛教建筑艺术进行描述时，尽管难掩兴奋，却仍难以摆脱作为一个穆斯林的限制。他的视角和其他丝绸之路上的许多带有宗教身份的旅行者没有区别。面对吐鲁番、哈密等地佛教的兴盛，他不时抱持惋惜的态度，隐隐谴责"不信真主的人"。然而，随着旅行的深入，他的态度又逐渐发生了转变。此时，他越来越开始以一个艺术家的身份欣赏中国的景物。对于宏伟的中国城市和精妙的中国工艺，他毫不吝惜赞美之辞，尤其对中国的佛教建筑艺术，毫不掩饰惊叹和艳羡。

　　作为一位画家，盖耶速丁对中国的佛教艺术怀着极其强烈的兴趣。他的行程日记仿佛一本中世纪的佛寺参拜手册，记录了15世纪早期从中亚到中国一路上的古刹名寺。日记中的许多描述是惊人的，在人们的印象中，佛教在15世纪时的中亚早已衰落，但盖耶速丁的日记却述说了一个完全不同的故事。此时，佛教在中亚仍有广泛的信徒，古寺并不萧然，青灯仍有人烟。更重要的是，15世纪波斯宫廷中的文人乃至统治者都对佛教颇有了解，甚至充满兴趣。唯有在这种氛围中，来自中国的观音像才会出现在此时的波斯。